页岩气开发评价技术

欧成华　等著

本专著获

国家重点基础研究发展计划课题（973 计划 2014CB239205）

"十三五"国家科技重大专项课题（2017ZX05035003）

油气藏地质及开发工程国家重点实验室

联合资助出版

U0339112

石 油 工 业 出 版 社

内 容 提 要

本书通过解析北美地区页岩气连续型富集模式,针对中国页岩气的地质特点,尤其是已经取得商业化开采突破的四川盆地海相页岩气的地质特点,提出了新的页岩气富集模式;在此基础上,提取页岩气开发主控因素,建立页岩气开发技术评价指标体系及经济评价指标体系,完善二级模糊层次评价技术和相应的系列经济评价模型;最后,编制页岩气开发技术经济评价一体化软件系统,实现对页岩气开发项目技术经济价值自动、定量、快速、准确评价的目的。

本书适合于油气勘探开发、能源化工等领域的科研人员、工程技术人员阅读,也可作为相关专业高等院校师生的教学参考书。

图书在版编目(CIP)数据

页岩气开发评价技术/欧成华等著. —北京:石油工业出版社,2019.9

ISBN 978 - 7 - 5183 - 3464 - 3

Ⅰ.①页… Ⅱ.①欧… Ⅲ.①油页岩—油气田开发—评价Ⅳ.①P618.130.8

中国版本图书馆 CIP 数据核字(2019)第 116524 号

出版发行:石油工业出版社

(北京市朝阳区安华里 2 区 1 号楼　100011)

网　　址:www.petropub.com

编辑部:(010)64523579　图书营销中心:(010)64523633

经　　销:全国新华书店

排　　版:北京密东文创科技有限公司

印　　刷:北京中石油彩色印刷有限责任公司

2019 年 9 月第 1 版　2019 年 9 月第 1 次印刷

787 毫米×1092 毫米　开本:1/16　印张:11.25

字数:269 千字

定价:56.00 元

《页岩气开发评价技术》
撰写人员

欧成华　　　西南石油大学

董建蓉　　　西南石油大学

陈朝刚　　　重庆地质矿产研究院

刘　琴　　　西南石油大学

张　烨　　　重庆地质矿产研究院

张健强　　　重庆地质矿产研究院

朱　渝　　　重庆地质矿产研究院

雍海燕　　　西南石油大学

崔思华　　　中国石油勘探开发研究院

序

页岩气是当今世界天然气勘探开发领域的热点。20世纪末,随着连续型成藏模式的提出及钻井与压裂等工程技术的进步,北美地区页岩气实现了商业化规模生产。到21世纪初,页岩气探明可采储量已经达到了全世界常规天然气总可采储量的32%,相继出现了许多新的、非连续型的页岩气,研究这些新型页岩气的成藏机制与模式,提出针对性的评价技术,既是对页岩气勘探理论的深入发展,也是对页岩气开发技术的有益补充。

《页岩气开发评价技术》一书在连续型富集成藏模式基础上,针对中国页岩气的地质特点,尤其是当前已取得商业化开采突破的四川盆地海相页岩气的地质特点,提出了新的页岩气成藏模式;创建了包括10个一级指标、59个二级指标的页岩气开发技术评价指标体系,7个财务盈利能力指标,3个财务偿债能力指标,2个财务生存能力指标的页岩气开发经济评价指标体系,以及二级模糊层次评价方法和经济评价模型;研制了页岩气开发技术经济评价一体化软件系统,实现了对页岩气开发项目技术及经济价值自动、定量、快速、准确的评价。

该书作者分别在非常规油气地质评价理论、开采技术方法、经济评价理论方法等领域开展了深入研究,拥有自己独到的见解,撰写的《页岩气开发评价技术》站在当今世界页岩气勘探开发的高度,勇敢地提出了新的理论,完善了方法技术,研制出一体化软件,达到了从理论、技术到实现的统一。全书结构严谨、内容丰富、文字流畅,是一本既具有理论学术价值,又具有应用推广前景的学术专著。

页岩气是天然气的有效接替,大力发展页岩气是改善我国能源结构、缓解天然气紧张局面、清洁美化环境的需要。本书的出版,对于正在发展中的我国页岩气开发不无裨益。

中国科学院院士:

2018年11月26日

前 言

Preface

自美国在 20 世纪末针对北美地区页岩气成藏地质特点提出页岩气连续成藏模式以来,世界页岩气的勘探开发发生了翻天覆地的巨大变化,到 21 世纪初,探明的页岩气可采储量已经达到了全世界常规天然气总可采储量的 32%。越来越多受构造演化控制、连续或者非连续分布的海相、海陆过渡相和陆相页岩气资源被勘探发现并投入开发。

我国是目前世界上页岩气可采资源最多的国家,实现页岩气开发突破,对我国的能源安全战略至关重要。与北美地区页岩气富集区大面积连续分布不同,我国页岩气富集区分布受构造演化控制,难以大面积连续分布,使得起源于北美地区的连续型页岩气富集成藏评价理论难以照搬来用于我国页岩气勘探开发。近年来,众多著名的国际石油巨头先后介入我国页岩气勘探开发,但收效甚微,从另一侧面反映了我国页岩气富集的复杂性。由此可见,急需开展深入研究,寻找符合我国地质条件的页岩气富集模式,并在此基础上,提出针对我国页岩气地质特点和开发特征的技术经济评价方法。

《页岩气开发评价技术》正是在上述背景下逐步开展研究后完成的。全书内容共分为三篇,按技术—经济—软件的格局排布。第 1 篇为技术评价部分,包括第 1~4 章。首先,分析了页岩气富集成藏关键要素,构建了完整的页岩气富集成藏静、动态系统,解析了该系统的结构与构成关系,发现构造演化是页岩气富集成藏系统动态运行的原始推动力,据此建立了 3 大类 6 亚类的页岩气富集新模式。在此基础上,提取出页岩气开发的 10 个主控因素,通过对每个主控因素的详细解剖,建立了包括 10 个一级指标、59 个二级指标的页岩气开发技术评价指标体系。针对该指标体系既具有确定性的定量参数又具有模糊性的定性参数的特征,通过构建并完善二级模糊层次综合评判方法,实现了对页岩气开发项目技术经济价值的定量、准确、可靠、快速评价。最后,通过对重庆某区块、涪陵焦石坝页岩气区块和美国 Ford Worth 盆地 Barnett 页岩气区的综合评价,验证了上述理论方法和技术流程对页岩气开发评价的适用性与可靠性。

第2篇为经济评价部分,包括第5~7章。首先,在国内外天然气勘探开发经济效益评价成果的基础上,结合页岩气开发项目的经济特点,建立了包括7个财务盈利能力指标、3个财务偿债能力指标、2个财务生存能力指标的评价指标体系。通过厘清页岩气探明储量与开发产量之间的内在逻辑关系,在上述经济评价指标体系的基础上,系统开展了页岩气开发项目的投资估算与资金筹措、损益分析、财务可行性分析,以及不确定性分析,明确了适用于页岩气开发项目经济评价的理论方法。最后,以重庆某区块开发为研究对象,利用上述经济评价指标体系,采用相应的经济评价理论方法,依靠现场调研、文献资料整理等提取得到的实际数据,系统完成了实例页岩气区块经济评价,验证了上述经济评价指标体系和理论方法对页岩气开发项目经济评价的适用性和可靠性。

第3篇为软件系统部分,包括第8章和第9章。在解析国内外现有的油气项目选区评价软件和经济评价软件的基础上,基于.Net Framework运行库,采用微软Visual Studio开发平台,研制了页岩气开发技术和经济评价软件系统。该系统采用面向对象、用户友好的开发理念,以数据表格和二维图表为主要的前台数据呈现方式,后台以桌面型数据库微软 Access 作为数据存储方式。该系统利用页岩气探明储量和产能评价为纽带,通过选择评价选区、设定项目开发参数和经济评价参数、分别完成选区质量评价和项目经济评价,生成选区质量报告、经济评价数据和财务报表。此外,系统可根据设定行业指标参考值自动完成各项指标的对比,完成财务盈利能力指标、财务偿债能力指标及财务生存能力指标的智能评价,实现了对页岩气开发技术评价和经济评价的有机集成,成为页岩气开发评价的得力助手和有用工具。

以上研究内容是在国家重点基础研究发展计划课题(973 计划 2014CB239205)、"十三五"国家科技重大专项课题(2017ZX05035003)和油气藏地质及开发工程国家重点实验室联合资助下完成的。研究与成书过程中,参考了国内外大量文献资料,在此一并表示感谢。

中国石油勘探开发研究院副院长、中国科学院院士邹才能院士,中国工程院院士、重庆大学鲜学福教授,中国石油勘探开发研究院董大忠教授级高工,美国得克萨斯理工大学盛家平教授,西南石油大学张斌教授先后审阅了本书的初稿,提出了非常宝贵的修改意见。邹才能院士在审查书稿后,欣然为本书作序。在此,笔者对五位专家严谨的治学态度和深厚的学术功底致以最崇高的敬意,对为本书给予的指导和帮助致以最诚挚的谢意。

　　本书第 1 篇由欧成华负责撰写,陈朝刚、雍海燕、崔思华参与了其中第 2 章和第 4 章的编写工作,并引用了雍海燕硕士论文的部分内容;第 2 篇由董建蓉负责撰写,张烨、张健强参与了数据分析工作;第 3 篇由刘琴负责撰写,朱渝参与了软件测试部分的工作;全书由欧成华负责统稿。

　　由于笔者水平有限,难免存在不妥之处,敬请读者批评指正。

著　者

2019 年 3 月

目 录

第1篇 技术评价

第 2 篇　经 济 评 价

第 3 篇　软 件 系 统

第1篇

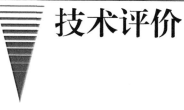

技术评价

第1章
页岩气富集模式

1.1 页岩气富集成藏的关键要素

据美国能源信息署（EIA，2015）报道，世界上共有 44 个国家发现了 95 个含页岩气盆地、137 套页岩地层，页岩气技术可采储量高达 $214 \times 10^{12} \mathrm{m}^3$。除美国以外，中国、阿根廷、阿尔及利亚、加拿大、墨西哥、澳大利亚等国家也拥有可观的页岩气技术可采储量（图 1.1）。页岩气正成为当今世界最重要的清洁能源（邹才能等，2015；Zou Caineng 等，2009，2013）。研究页岩气的富集特征和规律，不仅有利于实现页岩气勘探理论突破，还有利于寻找开发有利区，实现页岩气商业化开采。

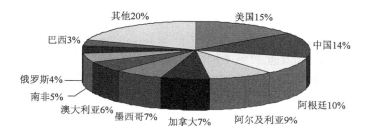

图 1.1　世界页岩气技术可采储量排名前 10 位的国家及所占比例（EIA，2015）

与石油、天然气等其他流体矿藏的成藏系统一样，页岩气的富集成藏也需要满足如下关键要素（Magoon 和 Dow，1994；Pollastro 等，2007；图 1.2）：强大的烃源系统、优质的储集场所、良好的保存条件和匹配一致的时空关系。烃源系统足够强大，才能生成足够多的烃类物质供给页岩，成为页岩气富集成藏的物质基础；页岩作为一种迄今为止最为致密的流体矿藏储集场所，孔缝是否发育、脆性矿物是否丰富，是决定页岩气能否富集并适于大规模开发的前提条件；大规模成烃形成的高气势及气体具有的易于逸散的能力对页岩层厚度及其顶部封盖层和底部封堵层的密封性能提出了极高的要求，否则，页岩气

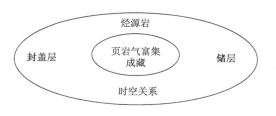

图 1.2　页岩气富集成藏的关键要素

就会逸出成为其他区域的气源,从而失去在页岩内部富集的机会;对于页岩气富集来说,抛开时空关系单纯探讨生气、储集和封盖是没有意义的,只有那些生成的气体,充注在同一时空域内的优质页岩储集体中,并被顶部封盖层和底部封堵层稳定持续封盖至今,才会富集成今天可以进一步勘探和开发的页岩气藏(Zou Caineng 等,2009,2013)。

页岩基质以微米孔、纳米孔为主,远较其他流体储层致密,因此页岩气的富集成藏模式显著不同于其他流体矿藏的富集成藏模式。早在 1995 年,美国地质调查局在美国页岩气评价中就引入了"连续型"油气藏概念(Gautier 等,1996),Curtis 则在 2002 年界定页岩气为连续型气藏,美国地质调查局更是在 2005 年明确提出页岩气属于连续富集成藏类型(Schmoker,2005);此后,页岩气连续型成藏理论被引入中国,并在中国页岩气勘探实践中得到推广应用(邹才能等,2015;Zou Caineng 等,2009,2013)。

页岩气连续富集成藏表明页岩生成了生物化学成因气、热成因气或二者的混合气,具有隐蔽聚集机理、运移距离短和多种岩性封闭等特征,页岩气富集区大面积连续分布,气藏边界仅受页岩层分布的限制(Gautier 等,1996;Curtis,2002;Zou Caineng 等,2009,2013)。页岩气连续富集成藏模式认为页岩既是烃源岩,也是储集岩,其本身还具备较强的封闭性能,是典型的源—储—盖一体化的富集模式。该模式强调生烃源岩及聚气储层的一体化,将顶部封盖层和底部封堵层的作用放到次要位置,忽略构造演化造成的生烃源岩与聚气储层的分离,以及对聚气储层和封盖地层的改造与破坏,同时也不强调成藏要素的时空关系匹配程度。

美国 Fort Worth 盆地 Barentt 页岩是全球最著名的页岩气层(Bowker,2007;Carlson,2010),也是页岩气连续富集成藏类型的典型代表(Pollastro,2007)。Fort Worth 盆地是在晚古生代由马拉松—沃希托造山运动造成下坳沉降而形成的弧后前陆盆盆地(Walper,1982;Montgomery 等,2005)。盆地中寒武系至下奥陶统为被动大陆边缘的碳酸盐岩沉积地层,密西西比亚系地层为前陆沉积,沉积了 Barnett 组页岩层和 Chappel 灰岩;Barnett 组页岩在盆地东北部厚度最大可达 3000m,向盆地西到中部隆起厚度变薄,并逐渐变为碳酸盐岩沉积(Loucks 和 Ruppel,2007;Jarvie,2007)。Barnett 的页岩在泥盆纪晚期—二叠纪早期发生过明显的剥蚀和侵蚀,二叠纪至白垩纪烃源岩达到成熟并大量生烃,历经一次裂解和石油二次裂解产生天然气,此后地层整体抬升,形成今天所见到的 Barnett 页岩气富集区(Curtis,2002;Hill 等,2007;Jarvie,2007)。上述分析表明,虽然 Barnett 页岩气富集的结果是大面积连续成片的,但在富集成藏过程中,构造演化实质性地形成了大量生烃需要的埋藏深度及富集成藏需要的排烃深度,即构造演化对其生、排烃系统的作用和影响仍然不可忽视。

四川盆地焦石坝页岩气藏因其储量和产量均位居世界前列而备受关注(郭彤楼等,2014;Guo 等,2014)。四川盆地位于扬子台地西部,属复杂挤压型叠合盆地;下部为震旦—志留纪时期克拉通盆地,缺失中部的泥盆系—石炭系地层,上部为二叠纪—新近纪时期的前陆盆地(Chen 等,1994;Yan 等,2003);盆地大部分地区均发育稳定的五峰—龙马溪组页岩,该页岩底部沉积了稳定致密的奥陶系临湘组灰岩,顶部沉积了巨厚的志留系小河坝组致密泥岩(蒲泊伶,2008;Liang 等,2012;胡东风等,2014;谭淋耘等,2015;Ou Chenghua 等,2018b,2018c,2019),如图 1.3 所示。四川盆地构造体系复杂,平面构造样式差异巨大,焦石坝页岩气藏位于盆地东南褶皱区。焦石坝区块自古生代以来,经历了 3 次抬升和 3 次沉降,形成了主体构造平缓完整、翼部构造陡峭且被断层切割的宽缓背斜构造(郭彤楼等,2014;Guo 等,2014)。焦石坝页岩气藏在海西期—早印支期开始生烃,印支中期—早燕山期达到生烃高峰,早白垩世末达到最大生烃阶段,页岩气在通过阶梯运移后在背斜汇聚成藏(Dai 等,2014;郭彤楼等,2014;Guo 等,2014)。上述分析表明,构造演化对焦石坝页岩气藏聚气储层的空间形态进行了大幅度改造,造成了生烃源岩与聚气储层的分离,使得页岩气并非原地聚集,而是进行了一定距离的运移后在同一页岩层的不同位置重新富集成藏(Li Chaochun 和 Ou Chenghua,2018;Ou Chenghua 等,2019)。

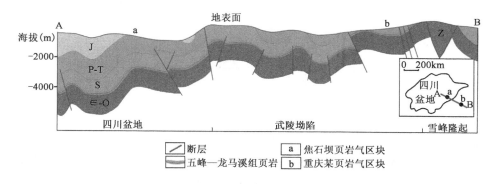

图 1.3　四川盆地及其东南边缘构造及地层分布剖面图

　　综上所述,随着越来越多的页岩气藏被发现,原有页岩气连续富集成藏模式逐渐难以自圆其说,急需建立一种新的页岩气富集模式,该模式既要包括现有的页岩气连续富集成藏模式,又要涵盖新出现的页岩气藏富集模式(Li Chaochun 和 Ou Chenghua,2018;Ou Chenghua 等,2019)。

　　为此,笔者广泛查阅了现有页岩气藏成藏资料,分析了各类页岩气藏成藏特点及其差异性,同时从页岩气作为流体矿藏的关键成藏要素出发,构建完整的页岩气富集成藏系统,并解析其结构与构成关系,发现构造演化是页岩气富集成藏系统动态运行的原始推动力。本书从构造演化对页岩气富集成藏静态子系统的控制作用特点和程度出发,建立了包括3大类6亚类的页岩气富集新模式,并通过实例分析阐明了该系列模式的实际应用与科学意义(欧成华,2018;Li Chaochun 和 Ou Chenghua,2018;Ou Chenghua 等,2019)。

1.2　页岩气成藏系统解析与富集模式划分

　　页岩气是在特定时空域内通过自生、自储、自保而富集成藏的,在这一时空域内,各种静态因素、动态因素相互作用并耦合叠加,形成了内部结构及其构成关系均异常复杂的页岩气富集成藏系统。通过解析页岩气富集成藏系统,可以将其进一步劈分为生烃源岩、聚气储层和封盖地层3个静态子系统,以及构造演化、沉积序列、成岩演化、生烃历史4个动态子系统,通过动态子系统各因素对静态子系统各因素的控制作用,形成不同程度的页岩气富集结果(图1.4)。

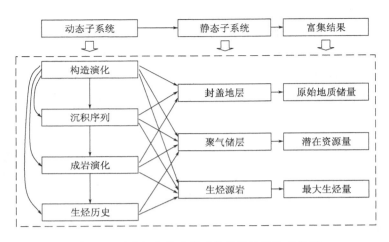

图 1.4　页岩气富集成藏系统的结构及构成关系

一般来说,页岩气的生烃源岩和聚气储层通常是同一地层,本来不应该将其分开,但在漫长的地质演化历史过程中,页岩中生成的气体在页岩内部或多或少存在距离不等的调整运移(郭彤楼等,2014;Li Chaochun 和 Ou Chenghua,2018;Ou Chenghua 等,2019),也就是说,聚集气体的页岩可能已经不是生成气体的那部分页岩了。

由此可见,生烃源岩、聚气储层和封盖地层是页岩气富集成藏系统内客观存在的静态地质体,生烃源岩决定了页岩气能够富集的最大生烃量,聚气储层确立了页岩气富集的潜在资源量(一般小于最大生烃量的30%),而在封盖地层的限制下页岩气最终富集成现实的页岩气原始地质储量(一般小于潜在资源量的50%)。

生烃源岩、聚气储层和封盖地层形成的静态子系统之所以能产生上述功能,是源于构造演化、沉积序列、成岩演化、生烃历史 4 个动态子系统持续不断地施加的各种作用及其耦合叠加(Ou Chenghua 等,2018a)。无论是生烃源岩、聚气储层,还是封盖地层,都是在一定的古地理环境中,经由各种沉积作用控制下的沉积序列,经过各类成岩阶段的成岩演化洗礼后最终形成的;构造运动演化出的特征各异的古地理环境和可容纳空间,是形成各类沉积序列的原始动力,构造运动造成静态地质体抬升和下降形成的埋深变化是成岩演化阶段及其各类成岩作用得以发生的基本前提。

研究表明,页岩气包括有各类生物成因气和热成因气,而这些气体生成都有其自身的生气窗限制,因此,烃源岩的生气具有特定的阶段和历史,这些阶段和历史无一例外均与页岩埋藏史造成地层温度压力的演变历史息息相关,而页岩埋藏史自身就是一部伴随构造沉降或抬升运动变化过程的地层沉积、成岩及其后生作用演变的历史(Curtis,2002;Hill 等,2007;Pollastro,2007)。

综上所述,构造演化是页岩气富集成藏系统动态运行的原始推动力,其中动态、静态子系统内的各种因素或多或少都受到了构造演化的作用和控制(Li Chaochun 和 Ou Chenghua,2018;Ou Chenghua 等,2019)。介于这个原因,建立了图 1.4 所示的构造演化控制的页岩气富集成藏系统,由该系统进一步衍生出页岩气富集模式。

依据构造演化作用控制页岩气生烃源岩、聚气储层和封盖地层程度的不同,将页岩气富集模式划分为构造主控生烃源岩型、构造主控聚气储层型和构造主控封盖地层型 3 大类富集模式,每个大类下又根据构造演化作用强度的不同细分为两个小类,由此形成了表 1.1 所示的 3 大类 6 亚类的页岩气富集新模式(欧成华,2018;Li Chaochun 和 Ou Chenghua,2018;Ou Chenghua 等,2019)。

一般来讲,在构造稳定区内,常常发育构造主控生烃源岩型页岩气富集模式;在构造调整区内,常会产出构造主控聚气储层型页岩气富集模式;在构造强烈改造区内,则易于形成构造主控封盖地层型页岩气富集模式。

表 1.1　页岩气富集模式分类与特征

大类	亚类	地质特征与模式				典型实例
		构造演化	生烃源岩	聚气储层	封盖地层	
Ⅰ 构造主控生烃源岩型	Ⅰ₁ 原地连续生物成因页岩气	克拉通盆地边缘斜坡地带,历经小幅度沉降和抬升,气藏埋深小于 1500m	富有机质泥岩发育,总有机碳高,碳同位素值偏低,低成熟生烃、原地聚烃	泥页岩为主,总厚层大,原生粒间孔发育,常见构造缝,储层中大量含水;吸附气含量高,地层压力较低;富集区连续大面积分布	页岩顶底发育致密岩层,或与致密岩互层,断裂少见,致密岩层和水动力封盖良好	Michigan 盆地 Antrim 页岩气藏
	Ⅰ₂ 原地连续热成因页岩气	前陆盆地中心或斜坡地带,历经整体快速沉降、稳定埋藏和缓慢抬升,埋深大于 1500m	富含深黑色富有机质泥岩,总有机碳高,碳同位素值偏高,成熟生烃,原地高效聚烃	厚层硅质泥岩为主,脆性矿物含量高,微孔和微小页理缝发育,构造缝仅局部出现,储层不含水;吸附气含量中等到低,地层压力较高;富集区连续大面积分布	页岩顶底均发育厚度较大的致密岩层,变形微弱,断裂少见,岩层封盖性能良好	北美大部页岩气,如 Fort Worth 盆地 Barentt 页岩气藏
Ⅱ 构造主控聚气储层型	Ⅱ₁ 正向构造储集型	前陆盆地正向构造调整区,历经快速沉降、埋藏和多期抬升调整,埋深大于 1500m	富有机质泥岩,总有机碳高,碳同位素值偏高,成熟生烃,构造高部位聚烃	厚层泥页岩为主,脆性矿物含量高,微孔和页理缝发育,构造缝仅构造翼部发育,储层不含水;吸附气含量中等到低,地层压力超高;富集区分布受控于正向构造	页岩顶底均发育厚度较大的致密岩层,断裂少见,岩层封盖性能良好	四川盆地焦石坝页岩气藏

大类	亚类	地质特征与模式				典型实例
		构造演化	生烃源岩	聚气储层	封盖地层	
Ⅱ 构造主控聚气储层型	Ⅱ₂ 裂缝带储集型	前陆盆地斜坡裂缝发育区,历经快速沉降、埋藏和多期抬升调整,埋深大于1500m	富有机质泥页岩,总有机碳高,碳同位素值偏高,成熟生烃,裂缝发育带聚烃	厚层泥页岩为主,脆性矿物含量高,微孔发育,裂缝发育,储层可能含水;吸附气含量偏高,地层压力偏低;富集区分布受控于裂缝带	页岩顶底的直接封盖岩层出现部分裂缝,封盖性能中等,其上下还发育封盖性能较好的间接封盖岩层	美国 San Juan 盆地 Lewis 页岩气藏
Ⅲ 构造主控封盖地层型	Ⅲ₁ 断裂破坏型	处于前陆盆地边缘构造强烈改造区,历经快速沉降、埋藏和多期隆升改造,主生烃期埋深大于1500m;现今气藏埋深500~4000m不等	富有机质泥页岩,总有机碳高,碳同位素值偏高,成熟生烃,断块内部聚烃	厚层泥页岩为主,裂缝发育,储层可能含水;吸附气含量偏高,地层压力低;聚集区分布受控于单个断块规模	页岩顶底封盖岩层断裂发育,封盖性能较差,仅局部不发育断裂区域具备一定封盖能力	四川盆地西阳页岩气藏
	Ⅲ₂ 剥蚀残余型		富有机质泥页岩,总有机碳高,碳同位素值偏高,成熟生烃,残留页岩聚烃	泥页岩为主,次生孔和页理缝发育,构造缝不发育,储层大量含水;吸附气含量偏高,地层压力低;聚集区分布受控于残留储—盖系统规模	页岩顶底的直接封盖岩层和部分页岩遭受剥蚀,封盖性能普遍较差,仅局部有一定封盖能力	四川盆地西阳页岩气藏

1.2.1 构造主控生烃源岩型页岩气富集模式

构造主控生烃源岩型页岩气富集模式常常发育于稳定的克拉通盆地或前陆盆地,通过长期稳定的构造沉降,盆地维持着持续稳定的可容纳空间,构成的海(湖)盆深水岩相古地理环境,易于产出多套泥页岩和致密灰岩的沉积序列组合,那些富含有机质的泥页岩及其顶底发育的致密灰岩或泥页岩沉积序列,成为有利的页岩气生烃源岩、聚气储层和封盖地层,其中生烃源岩生烃阶段及成烃产物受构造演化作用的影响巨大。

根据盆地构造演化作用对生烃源岩生烃阶段及成烃产物的影响程度,进一步将构造主控生烃源岩型页岩气富集模式细分为原地连续生物成因页岩气和原地连续热成因页岩气两个亚类(表1.1)。

当盆地构造沉降幅度不大,埋深较浅时,泥页岩中的孔隙水尚未完全排出,同时通过盆地边缘大气淡水的不断充注,富有机质泥页岩在缺氧、低温和有水环境下开始生成生物成因页岩气,并在原地聚集成藏,从而形成原地连续生物成因页岩气富集模式。该亚类页岩气富集模式常见于北美地区 Michigan 盆地的 Antrim 页岩气藏、Illinois 盆地的 New Albany 页岩气藏、Nebraska地区的 Niobrara 页岩气藏,以及中国柴达木盆地三湖地区的湖相页岩气藏。该模式除上述特征外,还具有烃源岩成熟度低、储层压力低,但储层各类裂缝均较为发育、原始含水饱和度高、吸附气含量高、气藏源—储—盖体系完整、富集区连续大面积分布等典型特征。其具体特征分别如表1.1和图1.5所示。

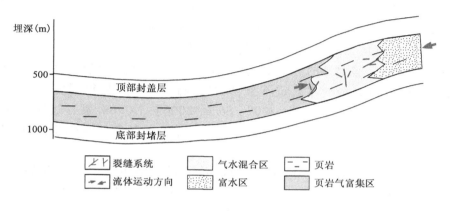

图 1.5　I_1 原地连续生物成因页岩气富集模式

若盆地构造沉降幅度加大,埋深增加,地层温度和压力逐渐增大,孔隙中的原生水要么受压实作用影响逐渐排出,要么受高温高压环境影响逐渐蒸发,最终消耗殆尽,泥页岩中的干酪根、沥青等有机质开始经由热降解作用或热裂解作用大量成烃,从而形成原地连续热成因页岩气富集模式。该亚类页岩气富集模式广泛分布于北美地区,如著名的 Fort Worth 盆地 Barentt 页岩气、Ardomore 盆地 Woodford 页岩气、Anadarko 盆地 Woodford 页岩气、Arkoma 盆地 Fayetteville页岩气、Maverick 盆地 Pearsall 页岩气、Paradox 盆地 Gothic 页岩气等。该模式除上述特征外,还包括烃源岩成熟度中等—高、储层压力高、储层构造缝不发育、不含水、吸附气含量中等到低、气藏源—储—盖体系完整、富集区连续大面积分布等典型特征。其具体特征分别如表1.1和图1.6所示。

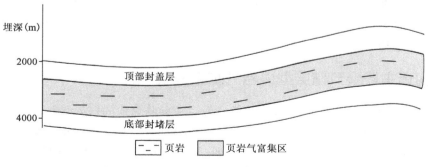

图 1.6　I_2 原地连续热成因页岩气富集模式

在上述两个亚类的页岩气富集模式中,构造演化作用的核心体现在通过构造沉降形成的埋深范围限定了页岩有机质的成烃方式(生物成烃或热成烃),页岩储集体孔缝系统的形成及其顶部封盖层和底部封堵层的致密化则是通过成岩作用演化而成的。页岩气藏的空间分布主要受控于聚气储层的发育,从而形成页岩气富集区大面积连续分布的局面。

美国 Michigan 盆地泥盆系 Antrim 组页岩气藏属于典型的原地连续生物成因页岩气富集模式(I₁),而美国 Fort Worth 盆地 Barnett 组页岩气藏则属于典型的原地连续热成因页岩气富集模式(I₂)。

Michigan 盆地为典型的克拉通盆地,面积为 $31.6 \times 10^4 km^2$,泥盆系 Antrim 页岩气富集区广泛分布于该盆地中,埋深为 200 ~ 720m,平均厚度为 32m,平均孔隙度为 9%,TOC 值为 1% ~ 20%,R_o 值为 0.4% ~ 0.6%,$\delta^{13}C_1$ 值为 −54.4‰ ~ 57.4‰,吸附气含量高达 70%,储层压力约为 2.76MPa,平均含气量为 $3.53m^3/t$,页岩气地质储量为 $(9911 ~ 21520) \times 10^8 m^3$,可采储量为 $(3115 ~ 5352) \times 10^8 m^3$;该盆地的 Antrim 页岩在古露头区裂缝非常发育,随着埋深的增加,页岩裂缝数量减少,盆地边缘淡水通过不整合面充注进入裂缝,使得页岩气开采需要用到排水采气工艺(Curtis,2002;Jarvie,2007;Song,2006)。Antrim 页岩气自 1940 年发现,1998 年达到高峰年产量 $56 \times 10^8 m^3$,以后逐年下降,2015 年年产量仍稳定在 $25 \times 10^8 m^3$(EIA,2015)。

本章 1.1 节已经介绍了 Fort Worth 盆地 Barentt 页岩气藏的构造演化对生烃源岩及其生、排烃过程的控制作用和产生的影响。Fort Worth 盆地 Barentt 页岩气占全美页岩气总产量的一半以上(Bowker,2007;Martineau,2007);2012 年达到高峰年产量为 $502.6 \times 10^8 m^3$,此后有所下降,2015 年年产量为 $375.7 \times 10^8 m^3$(EIA,2015)。Fort Worth 盆地是典型的前陆盆地,面积为 $10878km^2$,密西西比亚系 Barnett 组页岩气富集区广泛分布于该盆地中,埋深为 1950 ~ 2550m,页岩气地质储量为 $(15291 ~ 57200) \times 10^8 m^3$,可采储量为 $(962 ~ 2832) \times 10^8 m^3$;页岩气富集核心区页岩厚度大于 107m,外围区页岩厚度大于 30m,页岩聚气储层连续分布,自东北向西南和西北方向逐渐减薄、尖灭(Montgomery 等,2005;Gaudlip,2006)。Barnett 页岩沉积于海洋深水斜坡—盆地环境,为一套深褐色富有机质硅质泥页岩及细粒粉砂岩沉积,其顶底均被致密泥灰岩封隔(Bowker,2007)。Barnett 页岩黏土矿物含量低于 30%,石英含量为 8% ~ 58%,平均 34.5%,局部的碳酸盐岩含量达 21.7%,黄铁矿含量为 9.7%,磷酸盐含量为 3.3%;页岩储层总孔隙度为 4% ~ 5%,TOC 值为 3% ~ 13%,平均为 4.5%,I ~ II₁型干酪根,R_o 值为 1.0% ~ 1.4%,$\delta^{13}C_1$ 值为 −47.6‰ ~ 41.1‰,吸附气含量约 20%,储层压力为 20.7 ~ 27.6MPa,含气量为 8.5 ~ $9.9m^3/t$,不含水(Curtis,2002;Pollastro 等,2007;Montgomery 等,2005;Loucks 和 Rupple,2007;Hickey 等,2007)。

1.2.2 构造主控聚气储层型页岩气富集模式

构造主控聚气储层型页岩气富集模式常常发育于前陆盆地的构造调整区。与构造主控生烃源岩型页岩气富集模式类似,通过前陆盆地成盆过程的快速沉降,形成了有利的页岩气生烃源岩(同时也是聚气储层)和封盖地层沉积序列,并在进入热解成烃埋深门限后大量生烃及原地排烃富集。但随着前陆盆地形成而频繁发生的构造运动的耦合叠加影响,聚气储层的空间形态或内部结构发生较大变化,迫使原先富集的页岩气重新调整,并汇聚成藏。依据构造演化促使聚气储层发生变化的实际特征,进一步将构造主控聚气储层型页岩气富集模式细分为正向构造储集型和裂缝带储集型两个亚类(表1.1)。

当前陆盆地形成过程中,或形成后烃源岩开始大量生、排烃过程中,聚气储层所在区域遭受了强烈的构造挤压,造成了原来位于盆地斜坡地带单斜构造上或盆地中心地带负向构造中的聚气储层发生大幅度褶皱变形,演变成了正向褶皱构造。这些正向褶皱的翼部常常诱导出各种挤压型逆断层及其伴生构造裂缝(欧成华等,2016a,2016b;Ou Chenghua 等,2016b,2018b),加上因受地层抬升埋深变浅,气体大量解吸,原有游离气因卸压膨胀,导致聚气储层内部孔隙压力陡升,致使聚气储层内的页理缝被迫开启(欧成华和李朝纯,2017;Ou Chenghua 等,2019)。上述过程虽然增加了高部位聚气储层内的气势,但低部位温度压力高而生烃能力强、高部位温度压力低而生烃能力弱,低部位的气势仍然可能远远高于构造高部位,同时由于构造翼部发育的断裂及构造核部开启的页理缝沟通了聚气储层内流体的运移通道,从而形成页岩气大量由低部位向正向构造高部位汇聚的正向构造储集型页岩气富集模式(欧成华,2018;Li Chaochun 和 Ou Chenghua,2018;Ou Chenghua 等,2019)。该亚类页岩气富集模式的典型案例为中国四川盆地焦石坝页岩气藏。该模式除上述特征外,还包括烃源岩成熟度高、储层压力超高,褶皱翼部构造裂缝发育,褶皱主体部位页理缝开启,不含水、吸附气含量中等,气藏源—储—盖体系完整,页岩气富集区受控于正向构造分布规模和范围等典型特征。其具体特征分别如表 1.1 和图 1.7 所示。

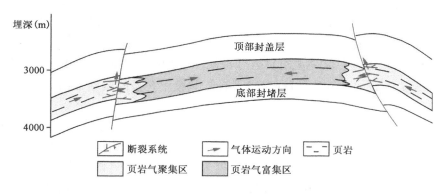

图 1.7   Ⅱ₁正向构造储集型页岩气富集模式

若前陆盆地形成过程中,或形成后烃源岩开始大量生、排烃,或生、排烃过程已经结束,与此同时,聚气储层所在区域发生了多期次构造升降运动,聚气储层的埋藏深度因震荡性变化而造成地层温度、压力的急剧起伏,气体吸附、解吸过程和游离气收缩、膨胀过程不断反复,将促使聚气储层中各类成岩裂缝的开启活化,而构造升降运动形成的应力集中的交互变化也将诱导出较多的构造裂缝,从而在聚气储层不同区域中形成不连续的裂缝发育带(欧成华等,2016a,2016b;Ou Chenghua 等,2015,2018b)。构造运动造成了聚气储层内部页岩气气势的变化,聚气储层内裂缝发育带由于储集空间的增加而变成低气势区,成为页岩气运移富集的指向区域,从而形成了裂缝带储集型页岩气富集模式。该亚类页岩气富集模式的典型代表为美国 San Juan 盆地的 Lewis 页岩气藏(Curtis,2002;Hill 和 Nelson,2000),另外美国纽约 Appalachian 盆地 Devonian 纪页岩也有可能属于这种富集模式（David 等,2004）。该模式除上述特征外,这类页岩气藏还包括烃源岩成熟度高、储层压力中等、各类成岩裂缝和构造裂缝均发育、吸附气含量偏高、气藏源—储—盖体系完整、页岩气富集区受控于裂缝发育带等典型特征。其具体特征分别如表 1.1 和图 1.8 所示。

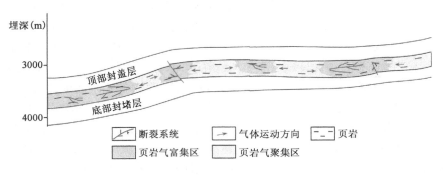

图 1.8 Ⅱ₂裂缝带储集型页岩气富集模式

在上述两个亚类的页岩气富集模式中,构造演化作用的核心体现在通过构造挤压运动,或多期次构造升降运动,迫使页岩气聚气储层发生正向褶皱变形,或者在其中诱导出裂缝发育带,从而造成原先聚集的页岩气调整富集,或者向褶皱高部位汇聚,或者向裂缝发育带汇聚（Ou Chenghua 等,2018a,2018b,2018c,2019）。由于构造运动作用的强度不大,聚气储层及其顶部封盖层和底部封堵层保存完好,页岩气的重新汇聚主要发生在聚气储层内部。页岩气藏的空间分布主要受控于聚气储层内正向构造或裂缝发育带的分布规模,从而造成页岩气富集区只能在一定面积内连续分布的局面。

四川盆地焦石坝五峰—龙马溪组页岩气藏属于典型的正向构造储集型页岩气富集模式（Ⅱ₁）。美国 San Juan 盆地白垩系 Lewis 组页岩气藏属于典型的裂缝带储集型页岩气富集模式（Ⅱ₂）。

本章 1.1 节已经介绍了四川盆地焦石坝五峰—龙马溪组页岩气藏的构造演化对聚气储层及其富集模式的控制作用及产生的影响。焦石坝页岩气藏富集区面积近 $300km^2$;五峰—龙马溪组含气页岩埋深为 $2250 \sim 3500m$,总平均厚度为 $89m$,在富集区内外均大面积稳定分布,富集区探明地质储量高达 $3500 \times 10^8 m^3$;含气页岩下部为平均厚度为 $38m$ 的优质页岩,在富集区内的探明地质储量高达 $2600 \times 10^8 m^3$。焦石坝页岩气藏富集区位于一个宽缓背斜构造的主体部位,背斜主体平缓完整,背斜翼部地层倾角增大,并分别被 1、2、3、4、5 等多条断层切割（图 1.3、图 1.9）。在宽缓背斜构造核部,页岩气富集程度高,页岩气井单井产能高;在窄陡的构造翼部靠近断层位置,页岩气富集程度较低,页岩气井单井产能低,甚至无产能（Ou Chenghua 等,2018c,2019）。焦石坝页岩气藏富集区五峰—龙马溪组下部优质页岩沉积于海洋深水陆棚环境,为一套深黑色富有机质碳质、硅质页岩,向上逐渐过渡为浅水陆棚环境的砂质、泥质泥岩（Ou Chenghua 等,2016a,2018c,2019;Liang 等,2012）。五峰—龙马溪组优质页岩在富集区发育微小的页理缝,在构造翼部断层附近发育较大的构造裂缝;页岩黏土矿物含量低于 $10\% \sim 63\%$,石英含量为 $26\% \sim 80\%$,长石含量为 $6\% \sim 33\%$,白云石含量为 $3\% \sim 32\%$,方解石含量为 $2\% \sim 10\%$,黄铁矿含量为 $1\% \sim 13\%$,;页岩储层总孔隙度为 $4\% \sim 6\%$,TOC 平均值为 3.02% ~ 4.34%，Ⅰ－Ⅱ₁型干酪根，R_o值为 2.4% ~ 2.8%；储层平均压力系数为 1.55，明显超压实；含气量为 0.89 ~ 5.19m^3/t，不含水（Ou Chenghua 等，2016a，2017；Liang 等，2012；郭彤楼等，2014；Guo 等，2014）。

美国 San Juan 盆地是中生代形成的典型前陆盆地，该盆地在中侏罗世开始下降接受沉积，白垩纪发生大规模海侵时沉积了区域性的 Lewis 组黑色页岩，白垩纪末发生的拉腊米构造运动造成了盆地现今的构造格局；盆地略呈南北向延伸，南北长 241km，东西宽 161km，面积为 2849km^2（Peterson 等，1968；Curtis，2002；Lorenz 等，2003）。Lewis 组页岩广泛发育于 San Juan 盆地的中部到北部区域，在南部区域局部尖灭；Lewis 组页岩埋深为 914 ~ 1829m，厚度为 152.4 ~ 579m（有效含气页岩净厚度为 61 ~ 91m），自上而下可以分为四个小层，其中最下面的小层渗透率较高，原因与其中广泛发育的东西、南北两组裂缝有关。这两组裂缝不仅发育于 Lewis 组页岩中，还广泛发育于临近的砂岩储层中，成为 Lewis 组页岩向这些砂岩油气藏供给烃类物质的良好通道（Laubach，1992；Hill 和 Nelson，2000；Lorenz 等，2003）。Lewis 页岩具有较高的 TOC 值（0.45% ~ 2.5%）和 R_o值（1.6% ~ 1.88%），具备强大的生烃能力，加上形成的裂缝并未影响到其上下的封盖层，使得其中的页岩气地质储量达到 27411 × $10^8$$m^3$，地质储量丰度高达 9.6 × $10^8$$m^3$/$km^2$（Hill 和 Nelson，2000；Curtis，2002）。但 Lewis 页岩储层压力仅为 6.89 ~ 10.34MPa，储层压力梯度仅为 4.52 ~ 5.65MPa/km，含气量为 0.425 ~ 1.274m^3/t，其中吸附气的含量高达 60% ~ 85%（Hill 和 Nelson，2000；Curtis，2002），上述特征与裂缝的存在导致储层卸压不无关系。Lewis 页岩气自 20 世纪 90 年代才发现，目前平均单井产量仍保持在 2000 ~ 5000m^3/d 的水平（Hill 和 Nelson，2000；Frantz 等，2000）。

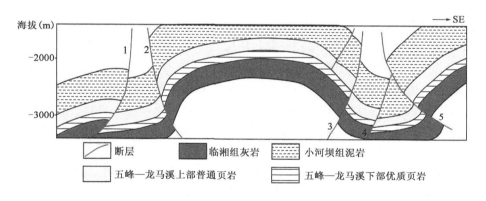

图 1.9　四川盆地焦石坝页岩气藏构造、地层剖面图

1.2.3　构造主控封盖地层型页岩气聚集模式

构造主控封盖地层型页岩气聚集模式常常发育于前陆盆地边缘或外围构造强烈活动区。与构造主控生烃源岩型及聚气储层型页岩气富集模式类似，通过先期前陆盆地成盆过程形成了有利页岩沉积序列，并完成了生烃及原地排烃富集，但此后发生的多期次构造运动对前陆盆地边缘或之外的地质体进行了强烈改造，聚气储层及其顶部封盖层和底部封堵层均遭受了不同程度的破坏，造成原先富集的页岩气藏发生面貌上的重大改变。依据构造演化造成封盖地

层破坏的实际特征,进一步将构造主控封盖地层型页岩气聚集模式细分为断裂破坏型和剥蚀残余型两个亚类(表1.1)。

当经历多期次构造运动挤压或拉张作用后(Ou Chenghua,2016;Ou Chenghua等,2015,2016b),页岩气藏核心区域开始发生各类挤压或拉张断层及其诱导裂缝,原有的聚气储层及其顶部封盖层和底部封堵层开始被众多断层分块切割,断层附近富集的页岩气逐渐沿断层及其诱导裂缝逸散卸压,从而造成原有页岩气藏的切割破坏。但由于页岩本身致密具有一定的封盖能力,加上其顶部封盖层和底部封堵层的存在,远离断层及其诱导裂缝的断块内部仍然保留了局部聚集的页岩气,从而形成断裂破坏型页岩气聚集模式。该模式具有页岩气藏核心区内断层及裂缝发育、烃源岩成熟度高、储层压力低、吸附气含量低、气藏储—盖体系受断裂破坏、页岩气聚集区分布受控于单个断块规模等典型特征。其具体特征分别如表1.1和图1.10所示。

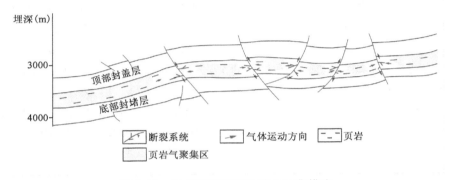

图1.10 Ⅲ₁断裂破坏型页岩气聚集模式

若在经历多期次构造隆升运动作用后,页岩气藏核心区地层遭受持续抬升,地层倾角常常变大,导致聚气储层及其顶部封盖层和底部封堵层的上翘端部分出露地表,遭受地表大气水淋滤作用,富集其中的页岩气由于降压解吸,吸附页岩气大量变为游离气。另一方面由于来源于空气中的 N_2、CO_2 因具有更强的吸附性进入页岩储层后大量置换页岩气,导致越来越多的游离页岩气逐渐向地表逸散,而地表的大气淡水同时向聚气储层反向注入,待气体逸散与大气淡水注入达到平衡时,气体在页岩气藏聚气储层内重新聚集成藏,从而形成剥蚀残余型页岩气聚集模式。该模式具有聚气储层及其顶部封盖层和底部封堵层不完整、烃源岩成熟度高、储层压力低、吸附气含量低、储层大量含水、页岩气聚集区分布受控于残留的聚气储层及其顶部封盖层和底部封堵层规模等典型特征。其具体特征分别如表1.1和图1.11所示。

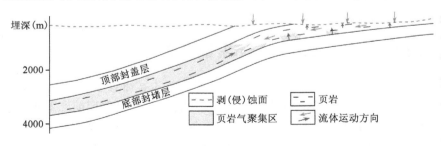

图1.11 Ⅲ₂剥蚀残余型页岩气聚集模式

在上述两个亚类的页岩气聚集模式中,构造演化作用的核心体现在通过多期次构造运动强烈改造,造成原有的页岩气藏发生断裂或剥蚀破坏,其中的聚气储层及其顶部封盖层和底部封堵层被断裂切割,或者遭受剥蚀,导致页岩气重新聚集,形成富集程度显著降低的次生断块型页岩气藏或剥蚀残余型页岩气藏。页岩气藏的空间分布主要受控于断裂的发育程度或者剥蚀区的分布特征,从而造成页岩气聚集区零星分布的局面。

重庆某区块五峰—龙马溪组页岩气属于典型的断裂破坏型及剥蚀残余型页岩气聚集模式。

该区块位于四川盆地东南边缘之外武陵坳陷东南斜坡,邻近雪峰隆起(图1.3);该区历经加里东、华西、印支、燕山、喜马拉雅山等多期次构造运动,以多期次强烈挤压导致区域构造大幅抬升为特点,构造断裂及剥蚀破坏强烈,发育系列规模不等的北北东—北东向断裂系统,将页岩气区分割为不同的断块区(图1.12)。区内五峰—龙马溪组页岩整体处于陆棚—盆地环境,为一套富含笔石的黑色碳质、硅质页岩沉积,该地层广泛发育,但变形严重、地层角度变化大、埋藏深浅不一(0~3520m,图1.12)。

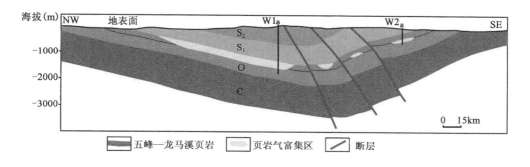

图1.12　重庆某区块构造、地层及页岩气富集区剖面图

在晚二叠世之前,区内五峰—龙马溪组烃源岩处于低熟阶段($R_o < 0.6\%$);晚二叠世末—中三叠世末,处于成熟期,中三叠世后达到生油高峰期;早侏罗世末,进入湿气—凝析油阶段;中侏罗世后,烃源岩处于过成熟阶段,直到中白垩世(约80Ma),五峰—龙马溪组地层持续深埋,烃源岩演化进入干气阶段,持续生烃,为页岩气的后期富集提供了充足气源。此后历经多期次抬升,成为如图1.12所示的页岩气聚集面貌(胡东凤等,2014;谭淋耘等,2015;Zeng等,2013;Liang等,2014;唐相路等,2015;魏志红,2015;Tuo等,2016;Yan等,2016)。

区块中部,虽然页岩埋深适中,但构造运动产生了大量密集的通天断层,严重破坏了五峰组—龙马溪组页岩气的保存条件,只在远离断层的部位保留了分散分布的页岩气富集区,形成了典型的断裂破坏型页岩气聚集模式。图1.12中所示的W1井钻遇页岩气层,则是断裂破坏型页岩气聚集区存在的直接证据。

区块周缘,由于五峰—龙马溪组被抬升至地表,聚气储层和封盖地层被剥蚀殆尽,但在距离剥蚀区一定的深度位置,仍然保留了部分页岩气聚集区,成为典型的剥蚀残余型页岩气聚集模式;图2.12所示的W2井钻遇页岩气层,成为剥蚀残余型页岩气聚集区存在的直接证据。

1.3　页岩气富集新模式的科学意义

综上所述,若按照现在发现的页岩气藏实例数量及其开采效益排序,最好的页岩气富集模式仍然是 I_1 和 I_2 , II_1 和 II_2 居中, III_1 和 III_2 最差。但正如常规油气资源的勘探开发历史一样,优质的页岩气资源随着页岩气勘探开发的逐步深入,也会越来越少,将来我们必将面临越来越多的中等页岩气资源 II_1 、 II_2 ,甚至难采的页岩气资源 III_1 、 III_2 ,当越来越多的 II_1 、 II_2 和 III_1 、 III_2 出现在人们面前时,就能充分体现出本书所提的 3 大类 6 亚类页岩气藏系列富集模式的科学意义(欧成华,2018;Li Chaochun 和 Ou Chenghua,2018;Ou Chenghua 等,2019)。

第2章
页岩气开发评价指标体系

2.1 主控因素分析

由第 1 章的研究成果可知,当今世界上,在以 I_1 和 I_2 两类连续型富集模式为特征的页岩气大规模开发的同时,以 II_1 和 II_2 两类非连续型富集模式为特征的页岩气逐渐被勘探发现,并投入了大规模开发,而以 III_1 和 III_2 两类非连续型富集模式为特征的页岩气也不断被勘探发现。由此可见,随着时间的推移及页岩气勘探开发的不断深入,将会有越来越多的连续型、非连续型页岩气投入开发。系统研究这些连续型、非连续型页岩气开发的主控因素,据此建立页岩气开发评价指标体系,不仅有利于丰富页岩气开采理论,更是为满足页岩气生产实践的实际需要。

连续型页岩气和非连续型页岩气的地质特征既有类似之处,也有显著差异。而在分析其开发主控因素时,表 2.1 所列特征需要引起足够的重视(欧成华,2018;Li Chaochun 和 Ou Chenghua,2018;Ou Chenghua 等,2019)。

表 2.1 连续型页岩气与非连续型页岩气地质特征对比

地质特征	非连续型页岩气	连续型页岩气
沉积环境	海相、海陆过渡相或陆相沉积环境	主要分布于海相沉积环境
大地构造位置	倾角较大的单斜,狭窄、陡峭、破碎的背斜、向斜	盆地中心或低缓斜坡
构造运动影响	常常造成页岩气富集区破坏并重新汇聚成藏	对页岩气富集区影响不大
页岩分布特征	分布局限,平面分布范围和规模受构造演化影响较大	大面积连续成片分布
成藏主控因素	构造演化、埋藏历史、沉积过程、成岩演化作用及有机质生烃热演化作用等均影响页岩气能否富集成藏	埋藏历史、沉积过程、成岩演化作用及有机质生烃热演化作用会影响页岩气能否富集成藏
圈闭特征	页岩富集区分布于构造、岩性或物性圈闭中	页岩富集区分布不受圈闭的影响
含气性特征	富集区局部或零星分布	富集区大面积连续成片分布
保存条件	受构造运动作用程度的影响,保存条件从良好、一般到较差均存在	保存条件良好
运聚特征	页岩气的生、运、聚均发生在页岩层中	
储集条件	超低渗透性的致密储集体	
赋存特征	以吸附气和自由气为主,少量水溶气	

（1）当前发现的具有开采价值的页岩气分布非常广泛，在各类海相、陆相和海陆过渡相沉积地层中均广泛存在，但迄今为止，只在海相沉积地层中获得了页岩气开采的商业化突破；

（2）页岩气有利区除分布在现今盆地中心地带外，还分布于现今盆地斜坡或边缘地带，这些地方受多旋回叠加大地构造运动影响较大，造成单斜、背斜或向斜相间分布、地域狭窄、地层倾角变化大、断裂发育，使得页岩气富集区难以大规模连片分布；

（3）大部分非连续分布的页岩气聚集区受到构造抬升剥蚀和多期断裂活动的严重影响，页岩的平面连续性较差，生成的烃类气体因较差的封盖条件而富集困难，只有那些构造活动较弱的区域才能形成页岩气富集区，造成页岩气富集区常常位于有效的构造圈闭或岩性圈闭中，平面分部局限、连片性较差；

（4）页岩气开采是以超长水平井和大规模多段体积压裂等工程技术条件为支撑的，良好的地理环境、先进的开采工艺、完善的地面工程是页岩气得以大规模商业化开采的基本前提。

因此，页岩气开发评价指标体系除了需要考虑页岩气自身的储量品质外，还要考虑构造演化对页岩气生烃源岩、聚气储层和封盖地层的影响，以及地理环境、开采工艺、地面工程等配套条件对开发实施有效性及难易程度的影响（Ou Chenghua 等，2016a）。

事实上，国内外学者和相关单位已经对页岩气储量品质评价开展了大量的工作，并建立了相应的评价体系，不断丰富着页岩气储量品质的评价内容和标准（雍海燕，2016）。

Sondergeld 等（2010）从页岩气储存能力、流体性质、影响压裂效果的储层性能考虑，给出了 21 个页岩气评价指标：页岩有效厚度（>30m）、总有机碳含量（>2%）、有机质成熟度（$R_o > 2\%$）、充气孔隙度（>2%）、渗透率（>100nD）、泊松比（$\mu < 0.25$）、杨氏模量（$E > 20000$MPa）、矿物组成（石英或碳酸盐岩含量 >40%，黏土含量 <30%，少量生物碎屑）、天然气储量（$> 100 \times 10^9 ft^3$）、储层温度（>230°F）、原始含水饱和度（$S_w < 40\%$）、埋藏深度（低于干气窗）、侧向应力差（<2000psi）、裂缝发育特征、气体组成（低 CO_2、N_2、H_2S 含量）、地层压力梯度（>0.5psi/ft）、润湿性（油湿型干酪根）、生气类型（热成因气）、储层垂向非均质性（小）、盖层覆盖、油气显示等。

哈丁—歇尔顿能源公司建立的页岩气选区评价参数达 16 个，埃克森美孚公司建立的评价参数达 13 个，雪佛龙公司评价参数达 8 个，国外部分石油公司页岩气评价参数见表 2.2（王社教等，2012；刘超英，2013）。斯伦贝谢和哈里伯顿也分别建立了一套自己的页岩气评价内容及标准，见表 2.3（王社教等，2012；刘超英，2013）。

表 2.2　国外部分石油公司页岩气评价内容和参数

石油公司	评价标准	评价参数个数
哈丁—歇尔顿	基础地质因素：页岩净厚度、有机质丰度、热演化程度、岩石脆性含量、孔隙度、页岩矿物组成、三维地震资料质量、构造背景、页岩的连续性、渗透率、压力梯度 钻井因素：钻井井场条件、天然气管网等 环境要素：水源、水处理、环保	16
埃克森美孚	热成熟度、页岩总有机碳含量、气藏压力、页岩净厚度、页岩空间展布、页岩可压裂性、裂缝及其类型、吸附气及游离气含量高低、基质孔隙度类型及大小、深度、有机质含量平均值、岩性、非烃气体分布	13
雪佛龙	总有机碳含量、热成熟度、黑色页岩厚度、脆性矿物含量、埋藏深度、压力、沉积环境、构造复杂性	8

表 2.3　国外部分石油公司页岩气评价内容和标准

评价标准	斯伦贝谢	哈里伯顿	BP
总有机碳含量 TOC(%)	>2	>3	>4
热成熟度 R_o(%)	>1.2	1.1~1.4	>1.2
脆性矿物含量(%)	>40	>40	—
黏土矿物含量(%)	<40	<30	—
有效含气量(%)	—	>2.8	—
孔隙度(%)	—	>2	4~6
渗透率(nD)	—	>100	—
页岩有效厚度(m)	>30	30~50	75~150

国内蒋裕强(2010)借鉴美国页岩气勘探成功经验,从实际资料出发,筛选出有机质丰度、热成熟度、含气性、页岩厚度、储层物性、矿物组成、脆性、力学性质等 8 大关键地质因素,建立了一套较为适用的页岩气储层评价标准,要求总有机碳含量 >2%,热成熟度 >1.1%,脆性矿物含量 >40%,黏土矿物含量 <30%,渗透率 $K > 10^{-4}mD$,原始含水饱和度 $S_w < 40\%$,泊松比 $\mu < 0.25$,杨氏模量 $E > 20000MPa$,页岩厚度 >30m。该评价体系优选出四川盆地下寒武统筇竹寺组和下志留统龙马溪组 2 套具有良好勘探开发前景的海相页岩。

胡昌蓬(2012)考虑了吸附气的能力及压裂改造的难易程度,优选有机质含量、成熟度、有机质类型与有机显微组分、储层矿物组成、结构构造、成岩作用、空间分布、孔渗特征、储集空间特征、含气性、储层岩石泊松比、杨氏模量等力学性质、储层横向和纵向非均质性、埋深等评价指标,进一步丰富和完善了页岩气评价内容。

王世谦(2013)在蒋裕强的研究基础上,丰富了评价参数以及取值标准,认为总有机质含量 TOC >2%、成熟度 $R_o > 1.3\%$、储层压力与含气性(含气量 $>2m^3/t$)、岩石力学性质($\mu < 0.25$、$E > 20000MPa$)、物性条件($\phi > 4\%$、$K > 10^{-9}\mu m^2$、$S_w < 40\%$)、矿物组成(脆性矿物 >50%、黏土矿物 <30%)、储层页岩有效厚度(>15m),同时还考虑了构造条件(裂缝发育无大断裂)和盖层与保存条件。保存条件是影响页岩气成藏规模的一个关键因素,没有良好的保存条件,构造活动的改造会导致页岩气散失。

涂乙(2014)在充分调研国内外页岩气基础地质特征、生储气特征和易开采性等的基础上,筛选了 10 个评价参数并给出了评价标准,分别为有机碳含量(TOC >1.0%)、成熟度($R_o > 1.1\%$)、页岩有效厚度(>30m)、储量丰度($> 0.5 \times 10^8 m^3/km^2$)储层物性($\phi > 4\%$)、含气量($>1m^3/t$)、吸附气含量(>20%)、储层压力(>20MPa)、埋藏深度(>3000m)、黏土矿物含量(>15%),尤其在易开采性指标下新增了地理位置这一指标因素,更进一步丰富了前人对页岩气储量品质评价的内容及标准。

分析国内外学者提出的页岩气开发技术评价指标不难发现:这些评价指标主要集中在储层质量、流体特征、储量规模、气藏特征和生产特征这五个方面,几乎没有提到构造特征、沉积特征、地理环境和地面工程,有关开采工艺方面的评价指标也较少提及。由此可见,目前国内外有关页岩气开发评价的指标体系是有缺陷的,或者说是不完善的(Ou Chenghua 等,2016a)。

一般说来,一个页岩气开发项目应该涉及目标页岩气区块的地质特征、动态特征、地理特征和工程特征;地质特征包括构造特征、沉积特征、储层质量、流体特征和储量规模,动态特征包括气藏特征和生产特征,地理特征主要指影响页岩气开发的地理环境,工程特征包括开采工艺和地面工程(图 2.1)。因此,页岩气开发评价主控因素包括构造特征、沉积特征、储层质量、流体特征、储量规模、气藏特征、生产特征、开采工艺、地面工程和地理环境,总计 10 个主控因素(Ou Chenghua 等,2016a,2017;图 2.1)。

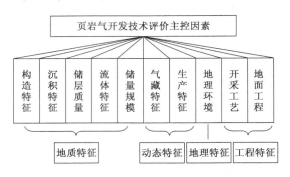

图 2.1　页岩气开发评价主控因素解析

构造特征控制了页岩气目标区块的生—储—盖组合规模及其空间分布;沉积特征限制了页岩气分布的外边界范围;储层质量反映了页岩的聚气能力与规模;流体特征限制了页岩气的富集程度和规模;储量规模是页岩气能否开发的必要条件;气藏特征反映页岩气产出的环境条件;生产特征直接表征了页岩的生产能力;地理环境提供了开采页岩气地面施工作业的基本条件;开采工艺反映了页岩气的生产作业能力;地面工程则成为页岩气项目顺利实施的必要条件。

由上述主控因素组成了页岩气开发评价的 10 个 1 级指标,解析各个 1 级指标,进一步分解出多少不等的 2 级指标,由此建立了包括 10 个 1 级指标,59 个 2 级指标的页岩气开发评价指标体系,见表 2.4(Ou Chenghua 等,2016a)。

表 2.4　页岩气储量品质综合评价一级和二级指标(Ou Chenghua 等,2016a)

一级指标	二级指标
构造特征	构造类型、断块规模、断块形态、断块内断裂复杂性、盖层厚度、盖层连续完整性、页岩露头与核心区距离、断裂运动与主储(生)烃期的时空关系、过核心区断裂的封堵性、构造可信度
沉积特征	沉积环境、相带类型及特征、岩相类型及特征
储层质量	页岩储层平面分布特征、页岩储层纵向分布特征、脆性矿物含量、黏土矿物含量、铁质矿物及含量、裂缝发育特征、孔隙度、渗透率、敏感性特征、岩石各向异性及应力差
流体特征	有机质干酪根类型、总有机碳含量、有机质成熟度、生烃潜力、总含气量、天然气烃类含量、天然气非烃类含量、原始含水饱和度
储量规模	探明含气面积、探明有效厚度、技术可采储量规模、地质储量丰度
气藏特征	地层倾角、气藏中部埋深、每千米深度标高差、气藏温度、气藏温度梯度、气藏地层压力、气藏地层压力梯度
生产特征	压力系数、气藏天然能量、每米无阻流量、千米井深初期稳定产量、产量递减规律
地理环境	地表特征、气候条件、交通基础设施条件、社会经济状况
开采工艺	钻井方式、完井方式、固井方式、增产措施
地面工程	井场条件及水源、采气方式及配套装置、输气方式及配套装置、"三废"处理及配套装置

下面详细论述各 1 级指标及其下分解出来的 2 级指标。

需要说明的是:本研究涉及的各类评价指标的评价等级为"好(一类)、中(二类)、差(三类)"三级,其中,"好(一类)"定义为页岩气"优质",为页岩气开发优先实施项目;"中(二类)"定义为页岩气"一般",为页岩气开发可以实施的项目;"差(三类)"定义为页岩气"较差",建议为现有技术经济条件下需要放弃的页岩气开发项目。

2.2 构造特征

在复杂构造区内,构造特征显著控制着页岩气的储、产量品质,对页岩气藏高效开发影响极大。事实上,构造特征对页岩气勘探开发的影响自从重庆涪陵焦石坝页岩气藏的成功发现并投入商业化开采之时就引起了人们的注意(雍海燕,2016;Guo 等,2014;Ou Chenghua 等,2019)。研究并提取构造特征参数作为页岩气藏的评价指标之一,不仅符合页岩气的特点,更是对整个页岩气勘探开发技术评价的深入开拓及学术创新。

页岩气藏的构造特征一般包括构造类型、断块规模、断块形态、断块内断裂复杂性、盖层厚度、盖层连续完整性、页岩露头与核心区距离、断裂运动与主储(生)烃期的时空关系、过核心区断裂的封堵性、构造可信度等 10 个二级指标。其中,断块规模、断块形态、断块内断裂复杂性属于断裂特征;盖层厚度、盖层连续完整性、页岩露头与核心区距离、断裂运动与主储(生)烃期的时空关系、过核心区断裂的封堵性属于保存条件特征。

2.2.1 构造类型

一般来说,对于构造变形强烈的地区,构造运动破坏形成的断裂系统极易造成已经生成的页岩气大量逸散。背斜或向斜构造的翼部地区,常常形成大型断裂及其诱导裂缝,如果这些断裂刚好切过已经聚集成藏的页岩气,势必造成断裂附近的气体逸散,从而形成页岩气富集区的非连续性分布;而对于区域性单斜的上部地区,常常出现地层出露地表或达近地表的现象,形成风化侵蚀带,不仅页岩气会因此逸散,页岩本身也可能遭受剥蚀,也会形成页岩气富集区的非连续性分布(李武广,2011)。

在页岩气勘探开发过程中发现,位于构造平缓、面积较大的背斜核部以及盆地斜坡地区,页岩气富集程度高,而在地层倾角较大的单斜构造或构造挤压变形强烈、破碎不完整的背斜、向斜等构造不稳定区,页岩层系多出露地表,页岩气保存条件较差,导致页岩气富集程度低。综上所述,可以按表 2.5 划分不同构造类型的好、中、差类别。

表 2.5 构造类型评价指标

评价等级	好(>0.7)	中(0.7 ~ 0.4)	差(0.4 ~ 0)
构造类型	宽缓、面积大的背斜、向斜	狭窄、地层陡峭的背斜、向斜	倾角较大的单斜,狭窄、陡峭、破碎的背斜、向斜

2.2.2 断裂特征

断裂特征包括断块规模、断块形态以及断块内断裂复杂性(欧成华等,2006,2016a,2016b,2016c;Ou Chenghua 等,2015,2016a,2016b,2016c,2016d;Ou Chenghua,2016)。这 3 个指标从 3 个不同角度来表征断裂特征。

1. 断块规模

断块规模从整体上指出了断块气田的复杂程度,按照现有断块大小分类的国家规范 SY/T 5970—2012《复杂断块油田开发方案编制技术要求 开发地质与油藏工程部分》,结合页岩气的实际情况,定义页岩气藏按断块规模评价等级指标如表 2.6 所示。

表 2.6 断块规模评价指标

断块规模分类	含气面积(km²)	评价等级
大断块气藏	>200	好
中断块气藏	200~50	中
小断块及碎块气藏	≤50	差

2. 断块形态

根据地层产状和断层产状关系及组成圈闭的特点,将断块气藏分为三类,即开启型断块气藏、半开启型断块气藏和封闭型的断块气藏(刘泽容等,1998)。对于断块形态的分类,我们从能量角度出发,能量充足,容易采出,产能高;从形态是否规整考虑,矩形,圆形相对较好,井网容易部署,开采配套措施相对容易。综上所述,断块形态的评价指标如表 2.7 所示。

表 2.7 断块形态评价指标

评价等级	好(>0.7)	中(0.7~0.4)	差(0.4~0)
断块形态	开启型断块	半开启型断块	封闭型断块

3. 断块内断裂复杂性

断块内小断层多,相互交错切割越厉害,油气水的关系越混乱,流体逸散的可能性就越大。因此,断块内断裂复杂性的评价指标如表 2.8 所示。

表 2.8 断块内断裂复杂性评价指标

评价等级	好(>0.7)	中(0.7~0.4)	差(0.4~0)
断块内断裂复杂性	简单	较复杂	复杂

2.2.3 保存条件

保存条件是影响页岩气成藏规模的一个关键因素。保存条件的好坏既受到有无大范围区域性盖层(包括间接盖层)封盖的影响,同时还与断裂构造带等复杂构造特征有关。保存条件包括盖层厚度及覆盖的连续完整性、页岩露头据核心区距离、断裂运动与主储(生)烃期的时空关系、过核心区断裂的封堵性。这4个指标从4个不同角度来表征断裂特征。

1. 盖层厚度及盖层的连续完整性

盖层厚度越大,对页岩气的保存越有利。通常膏岩类盖层封闭能力最好,泥质岩类盖层次之,碳酸盐岩类较差,致密砂岩最差。我国川南三叠系气藏石膏盖层下限为6~10m;我国松辽盆地的泥岩盖层厚度下限为20m;四川盆地五峰—龙马溪组泥质岩盖层厚度普遍大于500~1500m。其中,重庆地区页岩气储层均为泥质岩类盖层,参考常规天然气藏盖层性质及厚度规范,盖层厚度的评价指标如表2.9所示。

表2.9 盖层厚度评价指标

盖层岩性	盖层厚度(m)	评价等级
泥质岩类盖层 (包括直接盖层和间接盖层)	>1000	好
	1000~200	中
	≤200	差

盖层的连续完整性对盆地及坳陷内的油气聚集和保存起重要作用,主要体现在盖层覆盖面积占气藏分布面积的比值上,具体指标设定如表2.10所示。

表2.10 盖层连续完整性评价指标

评价等级	好	中	差
盖层连续完整性	≥1	1~0.8	≤0.8

2. 页岩露头与核心区距离

页岩露头与核心区距离指标主要反映上部页岩层对页岩气的封堵和逸散的可能性大小;根据页岩露头距核心区间的地质特征的不同,可以分如下三种情况来讨论(表2.11)。

表2.11 页岩露头与核心区距离评价指标

	评价等级	好(>0.7)	中(0.7~0.4)	差(0.4~0)
页岩露头与核心区间的地质特征	(1)区间没有良好的断层封堵,页岩连续分布,上下致密岩层封堵	≥16km	16~8km	<8km
	(2)区间没有良好的断层封堵,页岩分布不连续,上下岩层封堵差(要按岩层的封堵性能折算)	距离指标应按封堵能力在(1)的基础上乘以1~10倍。比如,平均封堵能力为正常页岩的1/5,则应在(1)的基础上乘以5倍;即≥80km为好,80~40km为中,<40km为差;余者依次类推。		
	(3)区间有断层封堵,页岩连续分布,上下致密岩层封堵　断层封堵性为"好"	这种情况下该指标直接定义为"好"。		
	断层封堵性为"中"	这种情况下指标可以在(1)的情况下取一半		
		≥8km	8~4km	<4km
	断层封堵性为"差"	这种情况下该指标保持与(1)的情况一致		
		≥16km	16~8km	<8km

（1）页岩露头与核心区间没有良好的断层封堵,页岩从核心区到露头一直连续分布,没有间断,页岩层上下具有致密岩层封堵;这种情况下页岩露头与核心区距离越长,页岩气的保存条件就越好。按照一般页岩气藏 $500km^2$ 折算,页岩露头与核心区距离应至少在 10km 以上。

（2）页岩露头与核心区间没有良好的断层封堵,页岩从核心区到露头分布不连续,上下岩层封堵差;这种情况下页岩露头与核心区的距离就依赖于岩层的垂向和横向封堵性能,封堵性能越好,需要的距离就越短;封堵性能越差,需要的距离就越长。

（3）页岩露头距核心区间有良好的断层封堵,页岩连续分布,上下致密岩层封堵;这种情况下基本不考虑断层外页岩到露头的距离,直接定义该指标为"好"。

3. 断裂运动与主储(生)烃期的时空关系

断裂运动强烈时破坏作用强,断裂运动相对平稳时破坏作用相对较弱。断裂运动会破坏页岩气藏生烃环境,从而产生小的次生气藏,导致气体散失。如果在该地区曾经发育多个小型的气藏聚集带,当断裂运动的指向与储烃位置一致时,就能够形成储烃能力好的大型气藏。因此,对断裂运动与主生烃期的时空关系可分为两种情况讨论,评价标准见表2.12。

表2.12　断裂运动与主生烃期的时空关系评价指标

评价等级	好(>0.7)	中(0.7~0.4)	差(0.4~0)
断裂运动与主生烃期的时空关系	主生烃期没有发生大的断裂运动	主生烃期发生了简单的断裂运动	主生烃期发生的断裂构造运动非常复杂
	主生烃期发生大断裂运动,运动方向指向储烃位置,形成大规模的气藏	主生烃期发生大断裂运动,运动方向和储烃位置基本一致,形成一定规模的气藏	主生烃期发生大断裂运动,运动方向和储烃位置不一致,形成小型气藏

4. 过核心区断裂的封堵性

断层封闭性是指断层对向地层或沿断层面能够阻止油气继续运移,使其聚集起来的能力。它在地质空间上主要表现为垂向封闭性和侧向封闭性(张绍臣等,2011)。断层在垂向和侧向上的封闭性,不仅取决于断层两盘的岩性,还取决于断裂带的性质以及所处的系统状态(付广等,1998;白新华和罗群,1998)。

对于构造复杂区,若资料有限,很难进行断层侧向封堵性和垂向封堵性的比较,所以结合前人的经验,断层的封闭性的评价标准见表2.13。

表2.13　过核心区断裂的封堵性评价指标

评价等级	好(>0.7)	中(0.7~0.4)	差(0.4~0)
过核心区断裂的封堵性	断层与地层物性的各向异性匹配好,断层侧向与垂向封闭性都好	断层与地层物性的各向异性匹配适中,断层垂向封闭性好但侧向封闭性较差	断层与地层物性的各向异性匹配较差,断层垂向封闭性较差且侧向封闭性也较差

2.2.4　构造可信度

构造可信度受到地震资料品质,包括资料类型(多波地震、3D地震、2D地震)、分辨率、采集及处理过程中的失真率、覆盖率、地表距地下目标层的信号衰减状况、地震解释可靠性,以及对目标工区构造地质的认识程度等因素的综合制约。按照上述特征,可以定义构造可信度如表2.14所示。

表 2.14　造可信度评价指标

评价等级	好(>0.7)	中(0.7~0.4)	差(0.4~0)
构造可信度	地震资料品质高,精细构造三维地震解释有很好的显示,地震解释可靠性高,与目标工区构造地质认识匹配性一致	地震资料品质中等,精细构造三维地震解释有较好的显示,地震解释可靠性中等,与目标工区构造地质认识匹配性基本一致	地震资料品质差,精细构造三维地震解释显示不好,地震解释可靠性低,与目标工区构造地质认识匹配性不一致

2.3　沉积特征

2.3.1　沉积环境

深水陆棚沉积环境为静水强还原环境,伴随盆地的沉积,沉积缓慢,有利于有机质的保存,在该环境中有机质含量普遍相对较高,总有机碳质量分数也相对较高。综上所述,沉积环境的评价标准如表2.15所示。

表 2.15　沉积环境评价指标

评价等级	好(>0.7)	中(0.7~0.4)	差(0.4~0)
沉积环境	深水强还原环境,有机质含量丰富,呈大面积连续分布	半氧化半还原环境,有机质含量比较丰富	浅水氧化环境,有机质含量不丰富

2.3.2　相带类型及特征

根据沉积环境,可将富有机质页岩划分为海相页岩、海陆过渡相页岩、陆相页岩3种基本类型(表2.16)。

表 2.16　沉积相类型评价指标

评价等级	好(>0.7)	中(0.7~0.4)	差(0.4~0)
沉积相类型	海相(深水陆棚相)沉积,有机质丰富	海陆过渡相沉积,有机质比较丰富	陆相沉积,有机质比较丰富

2.3.3 岩相类型及特征

岩相反映沉积的过程和沉积环境(姜在兴,2003;欧成华等,1998a,1998b,1999a,1999b;欧成华,2018;Ou Chenghua等,2018c)。对四川盆地五峰—龙马溪组页岩进行野外露头、岩心观察及显微镜下分析,根据泥页岩的成分差异,将五峰—龙马溪组页岩划分为碳质页岩、硅质页岩、粉砂质页岩、钙质页岩和普通页岩5种岩石相(梁超等,2012)。

炭质页岩发育于半深海环境,粉砂质页岩发育于陆棚环境,钙质页岩发育于浅海及海陆过渡环境,硅质页岩发育于半深海—深海、闭塞海湾,普通页岩发育于深海、闭塞海湾、潟湖环境(Ou Chenghua等,2018c)。因此,页岩岩相的评价指标如表2.17所示。

表2.17 页岩岩相评价指标

评价等级	好(>0.7)		中(0.7~0.4)		差(0.4~0)	
页岩岩相评价指标	碳质页岩	TOC≥4%	粉砂质页岩	2%≤TOC<4%	钙质页岩	TOC<2%
	硅质页岩				普通页岩	

1.碳质页岩相

碳质页岩是一种含大量分散的碳化有机质的页岩。碳质页岩含大量碳化有机质,有机碳含量为3%~15%。手标本呈黑色、灰黑色,染手;镜下观察到石英颗粒呈漂浮状,大小约20~60μm;颗粒磨圆中等,次棱角—次圆状,分选极差,主要矿物有黏土矿物、石英、云母和长石,含黄铁矿和方解石(图2.2、图2.3)。这些特征反映沉积环境为相对安静的深水陆棚环境。

图2.2 Y1井,267.7m,黑色碳质页岩之一

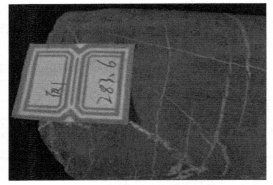
图2.3 Y1井,283.6 m,黑色碳质页岩之二,见方解石充填裂缝

2.硅质页岩相

硅质页岩是一种简易的具有页理结构的页岩,SiO_2含量多大于85%,由硅藻和放射虫壳堆积而成。硅质页岩主要发育在半深海—深海环境。露头样品呈现黑色—灰黑色,性脆且硬,不易风化。硅质页岩中几乎不含碳酸盐矿物,硅质常呈隐晶质结构,含硅藻、放射虫、海绵等化石(图2.4、图2.5)。

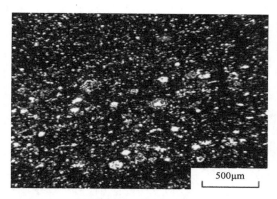

图2.4 彭水鹿角剖面,硅质页岩,单偏光, ×40,含大量硅质生物

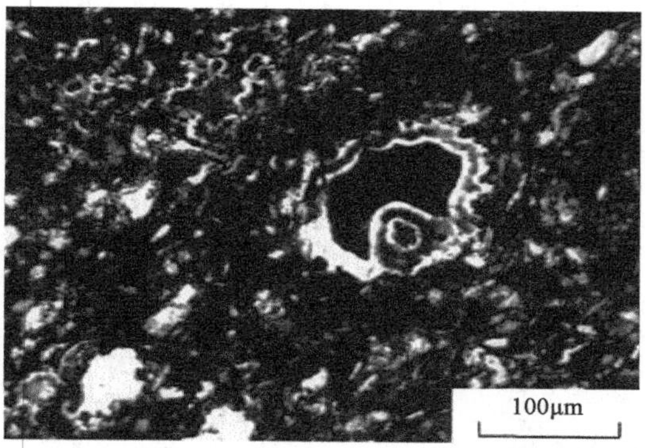

图2.5 彭水鹿角剖面,黑色硅质页岩,单偏光, ×200,含硅质海绵,硅质外壳内部为有机质充填

3. 粉砂质页岩相

粉砂质页岩是指粉砂质含量达到25% ~50%的页岩。粉砂质页岩呈灰黑色—深灰色,发育水平层理、块状层理。亮纹层为粉砂层,暗纹层为泥质层。镜下观察碎屑颗粒含量为20% ~40%,以石英为主,呈漂浮状产出,磨圆中等,次棱角—次圆状,分选差。黏土矿物多呈鳞片状或无定形,见少量长石和云母(图2.6、图2.7)。这些特征反映沉积环境为总体安静但有少量陆源碎屑的浅水陆棚环境。

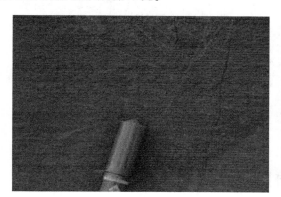
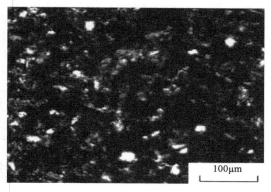

图2.6 彭水鹿角剖面,深灰色粉砂质页岩, 水平层理

图2.7 Y1井,178.3 m,粉砂质页岩,单偏光, ×200,石英颗粒漂浮于黏土矿物中

4. 钙质页岩相

钙质页岩是指碳酸钙含量为25% ~50%的页岩,发育纹层状和块状钙质页岩。在纹层状钙质页岩中,亮层为钙质层或含钙质较高的黏土层,暗层为黏土矿物层(图2.8、图2.9)。

5. 普通页岩相

普通页岩呈黑色、灰黑色,不染手;硬度小,呈薄层状,发育水平层理、块状层理。黏土矿物含量非常高,在90%以上;含有硅质生物化石和黄铁矿。普通页岩矿物成分较纯,黄铁矿分散,沉积于相对安静的深水环境,陆源碎屑较少,为有机质的富集和保存提供了良好的条件(图2.10、图2.11)。

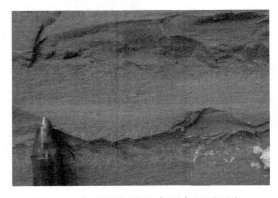

图2.8　南川德隆剖面,灰黑色钙质页岩,
块状层理

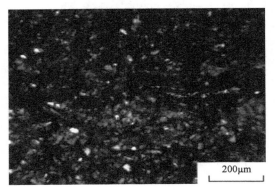

图2.9　Y1井,170.1m,纹层状钙质页岩,正交
偏光,×100,亮层为方解石层,暗层为黏土层

图2.10　Y1井,324.5 m,黑色普通页岩

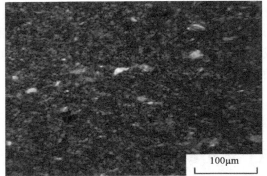

图2.11　Y1井,238.4m,黑色普通块状层理页岩,
正交偏光,×200,少量石英颗粒漂浮于黏土矿物中

2.4　储层质量

2.4.1　储层分布特征

1. 平面分布特征

储层平面分布特征由含气页岩变异系数和含气页岩稳定分布面积两个参数控制。含气页岩变异系数的取值为0~1。其值越小,说明页岩层厚度偏离平均厚度的程度越小,即页岩层厚度越集中稳定,储气规模越大;反之越小。因此,含气页岩变异系数的评价标准见表2.18。

表 2.18　含气页岩变异系数评价指标

评价等级	好	中	差
含气页岩变异系数	<0.2	0.2~0.7	≥0.7

含气页岩稳定分布面积是保证有充足的储渗空间和有机质的重要条件,含气页岩稳定分布面积的评价标准见表2.19。

表 2.19　含气页岩稳定分布面积评价指标

评价等级	好	中	差
含气页岩稳定分布面积(km²)	≥500	500~100	<100

当含气页岩变异系数越小,含气页岩稳定分布面积越大,储气规模就越大。因此,页岩储层平面分布特征的综合评价标准见表2.20。

表 2.20　页岩储层平面分布特征综合评价指标

评价等级	好(<0.2)	中(0.2~0.7)	差(0.7~1)
页岩储层平面分布特征	含气页岩变异系数<0.2,稳定分布面积>500km²	含气页岩变异系数介于0.2~0.7,稳定分布面积介于500~100km²	含气页岩变异系数>0.7,稳定分布面积<100km²

2. 纵向分布特征

储层纵向分布特征主要由纵向页岩层分布变异系数和含气页岩分布集中度两个参数控制。纵向页岩分布变异系数的取值为0~1。其值越小,说明页岩层纵向层厚差异越小,分布越稳定,页岩气的总采出量越多;反之越少。因此,纵向含气页岩分布变异系数的评价标准见表2.21。

表 2.21　纵向含气页岩分布变异系数评价指标

评价等级	好	中	差
纵向含气页岩分布变异系数	<0.2	0.2~0.7	≥0.7

含气页岩的集中度是含气页岩的有效厚度与总厚度的比值。富含有机质页岩厚度越大,页岩气藏富集程度越高。因此,含气页岩的集中度的评价标准见表2.22。

表 2.22　含气页岩的集中度评价指标

评价等级	好	中	差
含气页岩的集中度(%)	≥50	50~10	<10

纵向含气页岩变异系数越小,含气页岩层越集中,页岩气藏富集程度就越高;反之越低。因此,页岩储层纵向分布特征的综合评价标准见表2.23。

表 2.23　页岩储层纵向分布特征综合评价指标

评价等级	好(<0.2)	中(0.2~0.7)	差(0.7~1)
页岩储层纵向分布特征	当含气页岩变异系数<0.2,含气页岩集中度>50%	当含气页岩变异系数介于0.2~0.7,含气页岩集中度介于10%~50%	含气页岩变异系数好,含气页岩集中度差
			含气页岩变异系数差,含气页岩集中度差

2.4.2 矿物岩石特征

1. 脆性矿物及含量

硅质、钙质矿物成分越高，页岩可压性越好，加砂压裂时越容易形成复杂缝，有效改造体积越大。根据《页岩气资源/储量计算与评价技术规范》(DZ/T 0254—2014)，页岩中脆性矿物含量下限标准为脆性矿物含量≥30%，按页岩中脆性矿物含量大小，将页岩中脆性矿物含量分为三类，见表2.24。

表2.24　页岩中脆性矿物含量评价指标

评价等级	好	中	差
脆性矿物含量(%)	≥40	40～30	<30

2. 黏土矿物含量(储层水敏性)

相对页岩中的石英和方解石成分，黏土矿物及其他无机成分具有更强的吸附能力。黏土矿物中的膨胀性矿物(如蒙脱石)遇水发生膨胀，给页岩钻井和完井过程带来风险，因此，蒙脱石的含量越低越好(靳平平等，2018)。有利的页岩气储层中黏土矿物含量一般要求<30%(王世谦，2013)。因此，按页岩中黏土矿物含量大小，将页岩中黏土矿物分为三类，见表2.25。

表2.25　页岩中黏土矿物含量评价指标

评价等级	好	中	差
黏土矿物含量(%)	<30	30～40	40～100

3. 铁质矿物含量

充足的黄铁矿是无生物扰动的缺氧深水沉积的良好指标。但是在开发过程中，铁质颗粒易形成沉淀，堵塞孔隙，给后期储层改造带来了很大麻烦(李丹等，2018)。因此，按照铁质矿物的含量大小，将页岩气中铁质矿物分为三类，见表2.26。

表2.26　页岩中铁质矿物含量评价指标

评价等级	好	中	差
铁质矿物含量(%)	<10	10～30	30～100

2.4.3 储层物性特征

1. 裂缝发育特征

裂缝对页岩气藏的形成具有双重作用，天然裂缝的大规模发育一方面提高了作为储层的页岩的产气能力，但另一方面又降低了作为盖层的页岩的封堵作用，从而导致了天然气的流失(Ou Chenghua 等，2018a，2018b，2019；Li Chaochun 和 Ou Chenghua，2018；欧成华和李朝纯，

2017;欧成华,2018)。因此,对裂缝发育特征的评判可从裂缝类型、密度、充填程度来论述,评价标准见表2.27。

表2.27　裂缝发育特征综合评价标准

评价等级		好(>0.7)	中(0.7~0.4)	差(0.4~0)
裂缝类型	页理缝(单井垂向上每米含页理缝的条数)	≥200	200~100	<100
	构造缝(单井垂向上每米构造缝的条数)	≥1	1~0.5	<0.5
密度(单位面积上的裂缝的条数)		≥50	50~20	<20
充填程度		未充填	半充填	全充填
裂缝发育特征		裂缝密集发育,单井每米页理缝>200条,裂缝未充填	裂缝较发育,单井每米页理缝介于100~200条,裂缝半充填	裂缝发育稀少,单井每米页理缝<100,裂缝全充填

2. 孔隙度

依据《页岩气资源/储量计算与评价技术规范》(DZ/T 0254—2014),按页岩气层孔隙度大小,将页岩气层孔隙度分为三类(表2.28)。

表2.28　页岩气孔隙度评价标准

评价等级	高	中	低
页岩气层孔隙度(%)	>5	5~2	≤2

3. 渗透率

依据《页岩气资源/储量计算与评价技术规范》(DZ/T 0254—2014),按页岩气层渗透率大小,将页岩气层空气渗透率分为三类(表2.29)。

表2.29　页岩气基质渗透率评价标准

评价等级	高	中	低
页岩气层空气渗透率(nD)	>100	100~10	≤10

4. 敏感性特征

黏土矿物具有敏感性,易水化膨胀和分散运移,堵塞气层导致产量下降。黄铁矿沉淀也会造成储层的伤害。同时还应考虑应力敏感特征。当页岩储层受到外来应力的影响时,导致地层的应力场发生变化,应力的变化会导致页岩储层的渗透率降低,因此,储层对应力的敏感表现在储层物性特征的变化。对储层敏感性的认知,我们只能从定性的角度分析,因此,页岩气储层敏感性特征的评价标准见表2.30。

表 2.30　页岩气储层敏感性特征评价标准

评价等级	好(>0.7)	中(0.7~0.4)	差(0.4~0)
页岩气储层敏感性特征	黏土矿物含量较低,一般≤30%,黄铁矿沉淀较少,对储层的伤害微小	黏土矿物含量中等,介于30%~40%,黄铁矿的沉淀较少,对储层的伤害程度中等	黏土矿物含量较高,一般≥40%,储层水敏性强烈,黄铁矿沉淀较多,对储层伤害较大

2.4.4　岩石各向异性及应力差

页岩水平井钻井、多级压裂、同步压裂等技术的成功实施必须考虑岩石力学性质,而岩石力学参数将影响裂缝的形态、方位、高度和宽度等(李金柱等,2003),决定了页岩储层改造的效果。因此,储层岩石的各向异性及应力差是评价页岩储层造缝能力的重要内容。储层岩石的各向异性及应力差可通过破裂压力、泊松比、杨氏模量等岩石力学参数来刻画。

1. 破裂压力

地层破裂压力的高低与岩石弹性性质、孔隙压力、天然裂缝的发育情况、储层的埋深以及该地区的地应力等因素有关。据现场施工经验,川东地区的地层破裂压力梯度介于 18 ~ 22MPa/1000m,据此结合实际经验给出破裂压力的评价标准,见表 2.31。

表 2.31　破裂压力评价(以 2200m 井深为例)指标

评价等级	好	中	差
破裂压力(MPa)	≤40	40~44	>44

2. 泊松比

泊松比的大小反映了岩石弹性的大小。泊松比低,则可压性较好,利于复杂裂缝形成。蒋裕强等(2010)认为页岩储层泊松比 μ 应小于 0.25。因此,泊松比的评价标准见表 2.32。

表 2.32　泊松比评价指标

评价等级	好	中	差
泊松比	<0.25	0.25~0.5	>0.5

3. 杨氏模量

杨氏模量高,则页岩的可压性较好,利于复杂裂缝形成。蒋裕强等(2010)认为页岩储层杨氏模量应大于 20000MPa。因此,杨氏模量的评价标准见表 2.33。

表 2.33　杨氏模量评价指标

评价等级	好	中	差
杨氏模量(MPa)	>20000	20000~10000	≤10000

综上,对岩石各向异性及应力差的定性评价标准是在综合了破裂压力、岩石泊松比和

杨氏模量各个参数指标的基础上,结合四川盆地页岩气藏基本特征制定的,评价标准见表2.34。

表2.34 岩石各向异性及应力差评价标准

评价等级	好(>0.7)	中(0.7~0.4)	差(0.4~0)
岩石各向异性及应力差	地层破裂压力<40MPa,泊松比μ<0.25,杨氏模量>20000MPa	地层破裂压力介于40~44MPa,泊松比μ介于0.25~0.5,杨氏模量介于20000~10000MPa	地层破裂压力>44MPa,泊松比μ>0.5,杨氏模量<10000MPa

2.5 流体特征

2.5.1 有机地化特征

1. 有机质干酪根类型

闫建萍等(2013)提出了有机质干酪根类型精细划分标准(表2.35),并在我国页岩气勘探中取得了较好应用效果。

表2.35 干酪根类型划分标准

评价等级	好(>0.7)	中(0.7~0.4)		差(0.4~0)
干酪根类型	I型	II型		III型
		II$_1$型	II$_2$型	
碳同位素比值δ^{13}C	<-30‰	-30‰~-28‰	-28‰~-26‰	≥-26‰

2. 总有机碳含量TOC

总有机碳含量与含气量呈正相关关系,总有机碳含量越高,含气量越大。根据《页岩气资源/储量计算与评价技术规范》(DZ/T 0254—2014),达到储量起算标准的总有机碳含量(TOC)下限标准为TOC≥1%。按总有机碳含量(TOC)大小,将总有机碳含量分为三类(表2.36)。

表2.36 总有机碳含量评价标准

评价等级	好	中	差
总有机碳含量TOC(%)	>4	4~2	≤2

3. 有机质成熟度R_o

一般来说,有机质成熟度越高,产气量越高,二者具有正相关关系;按照经典的成烃模式,

R_o 过高（>3.0%），烃类气体含量会降低，非烃类气体的含量将有所增加。美国主要产气页岩的有机质成熟度 R_o 为：$1.0\% < R_o < 2.0\%$（胡昌蓬等，2012；姜福杰等，2012），热演化程度并不高，说明美国形成工业性的页岩气藏并不需要极高的 R_o。但焦石坝区块的有机质成熟度 R_o 为：$2.0\% < R_o < 3.0\%$。而在《页岩气资源/储量计算与评价技术规范》（DZ/T 0254—2014）中，镜质体反射率❶（R_o）下限标准为 $R_o \geq 0.7\%$。综上所述，将有利的页岩气热演化程度——有机质成熟度 R_o 限定在 $1.3 \sim 3.0$ 范围内（表2.37）。

表 2.37　热演化程度评价标准

评价等级	好	中	差
有机质成熟度 R_o（%）	3～2	2～1.3	≤1.3 或 >3

4. 生烃潜力

依据国内外页岩气藏的生烃强度（一般大于 $0.5 \times 10^6 m^3/km^2$）特征，生烃潜力的评价标准见表2.38。

表 2.38　生烃强度评价标准

评价等级	好	中	差
平均生烃强度（$10^6 m^3/km^2$）	>2	2～1	1～0.5

2.5.2　含气量特征

根据《页岩气资源/储量计算与评价技术规范》（DZ/T 0254—2014），页岩气藏储层的含气量下限为 $1m^3/t$（小于此即为非页岩气藏），其评价标准见表2.39。

表 2.39　含气量评价标准

评价等级	好	中	差
含气量（m^3/t）	>4	4～2	2～1

2.5.3　气体组分特征

一般来说，页岩气中烃类的含量都高于70%，因而可以用70%作为页岩气藏的下限标准。因此，烃类气体的评价标准见表2.40。

表 2.40　页岩气烃类含量评价标准

评价等级	好	中	差
烃类含量（%）	≥95	95～90	90～70

非烃类气体含量越低越好。一般来说，页岩气中非烃类气体主要以 H_2S 为主，四川威远页岩气区块的硫化氢浓度在 $0.8\% \sim 1.4\%$，川东北区块所含硫化氢浓度高达15%。因而可以用15%作为页岩气藏非烃类硫化氢的上限标准。因此，非烃类气体中硫化氢（H_2S）含量的评

---

❶　镜质体反射率是重要的有机质成熟度指标，用来标定从早期成岩作用直至深变质阶段有机质的热演化。

价标准见表2.41。

表 2.41　页岩气非烃类硫化氢(H_2S)含量评价标准

评价等级	好	中	差
非烃类组分(H_2S)含量(%)	<2	2~15	≥15

2.5.4　原始含水饱和度

北美地区页岩储层原始含水饱和度平均为10%~35%,主力页岩气藏的核心开发区一般<30%(葛楠,2015)。重庆涪陵焦石坝地区五峰—龙马溪组地层不产水,因此产出的页岩气非常优质。页岩气中的原始含水饱和度一般都低于50%,因而可以用50%作为页岩气藏原始含水饱和度的上限标准。由此确定原始含水饱和度的评价标准见表2.42。

表 2.42　原始含水饱和度评价标准

评价等级	好	中	差
原始含水饱和度(%)	<20	20~30	30~50

2.6　储量规模

2.6.1　探明含气面积

根据《页岩气资源/储量计算与评价技术规范》(DZ/T 0254—2014),对探明含气面积的三级分类标准见表2.43。

表 2.43　探明含气面积评价标准

评价标准	好	中	差
探明含气面积(km^2)	≥100	100~60	60~10

2.6.2　探明有效厚度

一般来说,页岩气藏有效厚度下限为5m,结合国内外页岩气藏有效厚度分布特征,对探明有效厚度的三级分类标准见表2.44。

表 2.44　探明有效厚度评价标准

评价标准	好	中	差
探明有效厚度(m)	≥30	30~10	10~5

2.6.3　技术可采储量规模

根据《页岩气资源/储量计算与评价技术规范》(DZ/T 0254—2014),对页岩气藏可采储量规模的三级分类标准见表2.45。

表 2.45　技术可采储量规模评价标准

评价标准	好	中	差
页岩气可采储量($10^8 m^3$)	≥100	100~25	<25

2.6.4　地质储量丰度

根据《页岩气资源/储量计算与评价技术规范》(DZ/T 0254—2014),对地质储量丰度的三级分类标准见表 2.46。

表 2.46　地质储量丰度分类标准

评价标准	好	中	差
地质储量丰度($10^8 m^3/km^2$)	≥8	8~2.5	<2.5

2.7　气藏特征

2.7.1　气藏埋深

1. 地层倾角

地层倾角与气藏地层压力密切相关,地层倾角大,将造成气藏地层压力变化幅度增大,不利于气体的稳定富集。同时,地层倾角对钻井工程和压裂工程也有很大影响,高陡地层将会影响和制约页岩气井的钻探和压裂施工;平缓的地层,不仅能防止井眼发生坍塌滑移,还能确保水平井段钻进和压裂工程的顺利实施。目前国内外尚未对地层倾角形成一套评价标准,因此结合页岩气勘探开发实践认识得出地层倾角的三级分类标准见表 2.47。

表 2.47　地层倾角评价标准

评价等级	好	中	差
地层倾角(°)	<10	10~20	≥20

2. 气藏中部埋藏深度

气藏中部埋藏深度具有两面性:深度浅,勘探开发的成本低,但保存条件差;深度大,勘探开发的成本高,而保存条件较好。综合考虑上述因素,分析美国得克萨斯中东部 Barnett 页岩气藏,以及焦石坝页岩气藏等已进行商业性开发的页岩气藏的埋深范围,发现现有的商业化开采的页岩气藏埋深范围基本都在 2000~3500m。根据《页岩气资源/储量计算与评价技术规范》(DZ/T 0254—2014),结合上述实际情况,确定页岩气藏中部埋藏深度三级分类标准见表 2.48。

表 2.48　埋藏深度评价标准

评价标准	好	中	差
气藏中部埋藏深度 h(m)	2000～3500	500～2000	3500～5000

3. 每千米标高差

在单斜构造中,因地层受到抬升等构造作用,地下地层在地表出露,将地下地层投影到水平面上,水平距离 1km 的两点在地下的标高度差称为每千米标高差。

标高差对页岩气藏的保存条件有很大影响,例如,重庆城口区块为高陡背斜构造,地层倾角大,每千米标高差达到 2000m,标高差过大导致地层憋不起压,地层的能量低,成藏及保存条件很差。根据已开发页岩气藏调查情况,对每公里深度标高差的评价标准见表 2.49。

表 2.49　每公里深度标高差评价标准

评价等级	好	中	差
每千米深度标高差(m)	<176	176～364	≥364

2.7.2　气藏地层温度

气藏温度影响着吸附气含量,温度升高,吸附态天然气含量降低。在同样埋藏深度下,温度越高,对地下抗高温管件的影响也就越大,过高的温度可能导致抗高温材料的损坏。综上,对气藏地温的评价标准见表 2.50,气藏地温梯度的评价标准见表 2.51。

表 2.50　气藏地层温度评价标准(按地表 20℃、埋深 2200m 折算)

评价等级	好	中	差
气藏地温(℃)	64～75	75～86	≥86

表 2.51　气藏温度梯度评价标准

评价等级	好	中	差
气藏地温梯度(℃/100m)	2～2.5	2.5～3	≥3

2.7.3　气藏地层压力

页岩气藏地层压力影响吸附气及自由气含量,地层压力越大,相同页岩中的吸附气及自由气含量越多。气藏地层压力的评价标准见表 2.52,气藏压力梯度的评价标准见表 2.53。

表 2.52　气藏地层压力(按 2200m 埋深、10MPa/km 计算)分类评价标准

评价等级	好	中等	差
气藏压力(MPa)	≥22	22～16	<16

表 2.53　气藏压力梯度评价标准

评价等级	好	中	差
气藏压力梯度(MPa/km)	≥11	11～8	<8

2.8　生产特征

2.8.1　压力系数

从地层能量角度来说,压力系数越大,储层能量越强,产能就越大。因此,对页岩气藏压力系数的评价标准见表 2.54。

表 2.54　气藏压力系数评价标准

评价等级	好	中	差
压力系数	>1.5	1.5～1	<1

2.8.2　气藏天然能量

页岩气藏天然能量评价标准见表 2.55。

表 2.55　页岩气藏天然能量评价标准

评价等级	好(>0.7)	中(0.7～0.4)	差(0.4～0)
气藏天然能量	气藏天然能量充足	气藏天然能量中等	气藏天然能量不充足

2.8.3　气藏产能特征

1. 每米无阻流量

每米无阻流量的大小直接关系油气田的产量、采油采气速度和开发经济效益。产能的大小主要取决于油气藏地质条件的优劣。因此,对页岩气气藏每米无阻流量的评价标准见表 2.56。

表 2.56　页岩气藏每米无阻流量评价标准

评价标准	好	中	差
每米天然气无阻流量($10^4 m^3$)	≥2	2～1	<1

2. 千米井深初期稳定产量

根据《页岩气资源/储量计算与评价技术规范》(DZ/T 0254—2014),按气藏千米井深计算的试采前 6 个月平均日产量的高低,结合除重庆焦石坝和四川长宁、威远页岩气区外都是低产的实际情况,制定千米井深初期稳定产量(水平井)的三级分类标准(表 2.57)。

表 2.57　千米井深初期稳定产量(水平井)三级分类评价标准

评价标准	好	中	差
千米井深初期稳定产量[$10^4 m^3/(km \cdot d)$]	≥3	3~0.5	<0.5

2.8.4　产量递减特征

产量递减类型有凸形递减、直线递减和 Arps 递减。一般来说,同等条件下,调和递减的递减率最低,双曲递减和指数递减居中,直线递减和凸型递减最高,因此,对产量递减规律的定性评价指标见表 2.58。

表 2.58　产量递减规律评价指标

评价标准	好	中	差
递减类型	调和递减	双曲递减、指数递减	直线递减、凸型递减
赋值	≥0.7	0.7~0.4	0.4~0

2.9　地理环境

2.9.1　地表特征

页岩气开发项目所在地区的地貌特征通常为高山、高原、平原和丘陵。山地条件给页岩气开发的钻井带来困难,开采作业难度大,开采成本高,且交通不便利,不利于页岩气开采后的输气、原材料供应及后勤保障,经济效益差;丘陵地区页岩气开发的钻井难度中等,开采成本不大,且交通较便利,经济效益中等;平原地区页岩气项目区的交通便利,有利于页岩气的运输、原材料供应及后勤保障,钻井难度小,开采成本低,经济效益好。综上所述,按表 2.59 划分不同地表特征,结合复杂构造区地质特征给出地表特征的评价标准。

表 2.59　地表特征评价标准

评价标准	好(>0.7)	中(0.7~0.4)	差(0.4~0)
地表形态	平原	丘陵	山地

2.9.2　气候条件

气候条件良好,页岩气开发的工程实施难度相对较低、成本也低,有利于页岩气的经济开采;相反,页岩气开发的工程实施难度高,成本高。此外,恶劣的气候条件还可导致作业不能连续进行,造成建设周期长,投资回收慢,进而降低开发投资的经济效果。综上所述,按表 2.60 划分不同气候特征,结合复杂构造区地质特征给出气候条件的评价标准。

表 2.60　气候条件特征评价标准

评价标准	好(>0.7)	中(0.7~0.4)	差(0.4~0)
气候条件	气候适宜	气候较适宜	气候条件恶劣

2.9.3　基础条件

页岩气勘探开发项目基础条件的好与坏,将直接影响到项目的工程投资成本,从而影响其经济效益。基础条件包括交通基础设施情况、社会经济状况。

1. 交通基础设施情况

良好的交通情况,便于页岩气的运输,降低运输成本和开发的生产成本,有利于扩大生产,页岩气开发的经济效益高。综上所述,按表 2.61 划分不同交通基础设施情况,结合复杂构造区地质特征给出交通基础设施情况的评价标准。

表 2.61　交通情况特征评价标准

评价标准	好(>0.7)	中(0.7~0.4)	差(0.4~0)
交通基础设施情况	交通便利、通畅	交通较便利、通畅	交通不便利

2. 社会经济状况

良好的社会经济,可以提供便利的交通条件、优良的通信条件和市场条件,以及页岩气开发所需的各种基础设施,降低页岩气开发的工程投资成本,从而提高经济效益。综上所述,按表 2.62 划分不同社会经济状态,结合复杂构造区地质特征给出社会经济状况的评价标准。

表 2.62　社会经济状况评价标准

评价标准	好(>0.7)	中(0.7~0.4)	差(0.4~0)
社会经济情况	经济发达	经济较发达	经济欠发达

2.10　开采工艺

2.10.1　钻井方式

目前水平井是页岩气开发成功的关键因素,水平井的推广应用加速了页岩气的开发进程。多分支水平井可以应用于多种油气藏的经济开采,可减少钻井设备的搬迁,节约套管、钻井液费用,降低平台建造费用,减少相应的土地使用面积,地面管网建设、油井管理等费用也大大降低,增加了经济效益。丛式水平井(PAD水平井)实现设备利用的最大化,减少钻井液的交替、压裂施工的工厂化流程,极大地提高效率。综上,对比国内外各种钻井方式的优势和适用对象,结合已投入商业开采的焦石坝区块和四川盆地长宁—威远页岩气区块实际情况,钻井方式的定性评价标准见表2.63。

表2.63　钻井方式评价标准

评价标准	好(>0.7)	中(0.7~0.4)	差(0.4~0)
钻井方式	丛式水平井钻井	多分支水平井	其他

2.10.2　完井方式

页岩气井的完井方式主要包括套管固井后射孔完井、尾管固井后射孔完井、裸眼射孔完井、组合式桥塞完井、机械式组合完井等(苏文栋等,2013;张跃磊等,2015)。不同完井方式具有不同的优点和适用条件。综上,对比国内外各种完井方式的优势和适用对象,结合已投入商业开采的焦石坝区块和四川盆地长宁—威远页岩气区块实际情况,完井方式的定性评价标准见表2.64。

表2.64　完井方式评价标准

评价标准	好(>0.7)	中(0.7~0.4)	差(0.4~0)
完井方式	裸眼射孔完井	机械式组合完井	其他

2.10.3　固井方式

页岩气井的固井方式主要包括常规固井、内管法固井、分级固井、尾管固井和尾管回接固井等五种固井方式。对比国内外各种完井方式的优势和适用对象,结合已投入商业开采的焦石坝区块和四川盆地长宁—威远页岩气区块实际情况,固井方式的定性评价标准见表2.65。

表2.65　固井方式评价标准

评价标准	好(>0.7)	中(0.7~0.4)	差(0.4~0)
固井方式	尾管固井	尾管回接固井	其他

2.10.4　增产措施

页岩气井的压裂增产技术主要包括水平井体积压裂(分段压裂、同步压裂、拉链式压裂)、泡沫压裂、水力喷射压裂、混合压裂、纤维压裂和通道压裂等压裂技术。对于不同特点的页岩层,必须采取与之适应的工艺技术,才能保证压裂措施的有效性,取得良好的增产效果(张跃磊等,2015)。

对比国内外各种增产措施的优势和适用对象,结合已投入商业开采的焦石坝区块和四川盆地长宁—威远页岩气区块实际情况,增产措施的定性评价标准见表2.66。

表 2.66　增产措施方式评价标准

评价标准	好(>0.7)	中(0.7~0.4)	差(0~0.4)
增产措施	水平井体积压裂	泡沫压裂,水力喷射压裂	其他

2.11　地面工程

2.11.1　井场条件及水源

1. 井场条件

井场条件包括井场地貌条件、气候条件、交通条件、社会经济条件等。井场条件对钻井及地面建设有不同程度的影响。井场选址的正确与否决定工程建设的技术经济效果乃至工程建设的成败,是工程建设的关键工作(刘国发,2013;贺鹏,2015)。

2. 井场水源

水力压裂耗水量大是页岩气开发的一个显著特点。页岩气钻井时所用的钻井液也要消耗大量的水来配制。因此,页岩气钻井选址通常靠近水源。结合已投入商业开采的焦石坝区块和四川盆地长宁—威远页岩气区块实际情况,给出的井场条件及水源的定性评价标准见表2.67。

表 2.67　井场条件及水源评价标准

评价标准	好(>0.7)	中(0.7~0.4)	差(0.4~0)
井场条件及水源	井场良好,水源充足	井场一般,水源一般	井场较差,水源不足

2.11.2　采气方式及配套装置

气井采气方式主要包括自喷衰竭式开采、柱塞气举排水采气、优选管柱排水采气、泡沫排水采气、气举排水采气、潜油电泵排水采气等采气方式(袁玲,2009),目前这些工艺已经累积增产大量的天然气,取得了良好的经济效益和社会效益。结合已投入商业开采的焦石坝区块和四川盆地长宁—威远页岩气区块实际情况,给出的采气方式及配套装置的定性评价标准见表2.68。

表 2.68　采气方式及配套装置评价标准

评价标准	好(>0.7)	中(0.7~0.4)	差(0.4~0)
采气方式及配套装置	衰竭开采	普通措施开采	复杂措施开采

2.11.3　输气方式及配套装置

页岩气的输气方式主要有三种方式,一是用管道加压输送;二是将天然气液化后运输;三是利用车船等工具以 CNG(压缩天然气)方式运输。

对输气方式及配套装置的定性评价标准要结合页岩气开发区具体地质特征,因此,评价标准见表 2.69。

表 2.69　输气方式及配套装置评价标准

评价标准	好(>0.7)	中(0.7 ~ 0.4)	差(0.4 ~ 0)
输气方式及配套装置	管道输气	CNG	其他

2.11.4　"三废"处理及配套装置

在页岩气开发过程中,会产生"三废"(废水、废气、固废),为了让"三废"变废为宝,降低对环境的污染,增加页岩气开发效益,必须采取一定的"三废"处理工艺。在调研了国内外关于"三废"处理技术及其相应配套装置的基础上,结合复杂构造区具体地质特征,"三废"处理及配套装置的定性评价标准见表 2.70。

表 2.70　"三废"处理及配套装置评价标准

评价标准	好(>0.7)	中(0.7 ~ 0.4)	差(0.4 ~ 0)
三废处理及配套装置	回收再利用	直接埋存	措施埋存

第3章
页岩气开发评价理论方法

如前所述,影响页岩气开发评价的指标分为两级,其中一级指标 10 个,二级指标 59 个,二级指标中 30 个是定量的、29 个是定性的。上述指标的特征说明页岩气开发评价既具有一定的确定性,同时还具有较大的模糊性。笔者通过多年的系统研究,形成了二级模糊层次综合评判技术(欧成华等,1998b,1999b;Ou Chenghua 等,2016a;Li Chaochun 和 Ou Chenghua,2019;雍海燕,2016),该技术能同时处理具有确定性和模糊性指标的评价问题,适用于开展页岩气开发评价,其处理流程如图 3.1 所示。

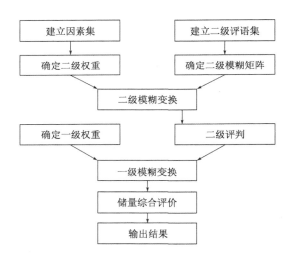

图 3.1   基于二级模糊层次法的页岩气开发评价流程图

3.1   指标集的确定

页岩气开发评价按属性特征分成 10 个一级指标子集 U_i 和 59 个二级指标 u_{ij},如图 3.2 所示。

$$U = \bigcup_{i=1}^{10} U_i \qquad (3-1)$$

其中

$$U_i = \{u_{ip_1}, u_{ip_2}, \cdots, u_{ip_i}\} \quad (i = 1, 2, \cdots, 10)$$

式中　p_i——各一级指标下的二级指标数量。

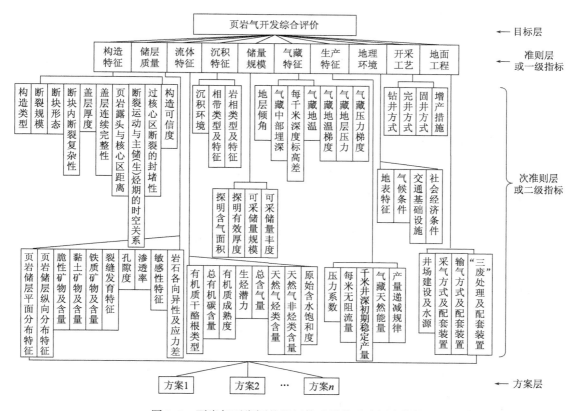

图 3.2　页岩气开发评价指标体系及其递阶层次结构

3.2　指标权重的确定

指标权重是各指标对页岩气开发评价结果贡献大小的直接体现,影响着评价结果的可靠与否。为了避免专家设定指标权重可靠性低、可重复性差的局限性,采用国际上广泛应用的层次分析法(Saaty,1990,2008;Liao,2011;欧成华等,1998b,1999b;Ou Chenghua 等,2016a;Li Chaochun 和 Ou Chenghua,2019;雍海燕,2016)来确定各级指标权重,具体包括以下四个步骤。

3.2.1　明确问题,建立递阶层次结构

首先要对问题有明确的认识,弄清问题的范围、所包含的指标及其相互关系、解决问题的目的等;然后分析系统中各指标之间的关系,建立系统的递阶层次结构——目标层、准则层、子准则层和方案层(图 4.2)。

3.2.2 构造判断矩阵

将同一层次的各指标对上一层中某一指标的重要性进行两两比较,构造判断矩阵(以一级指标为例,各二级指标与此类似,不再赘述)。

$$C = \begin{bmatrix} c_{11} & c_{12} & \cdots & c_{110} \\ c_{21} & c_{22} & \cdots & c_{210} \\ \vdots & \vdots & & \vdots \\ c_{101} & c_{102} & \cdots & c_{1010} \end{bmatrix} \qquad (3-2)$$

3.2.3 计算权重向量

判断矩阵构造完成后,可以采用和法或根法来计算权重向量。

运用和法计算权重向量的公式为:

$$a_i = \frac{\sum\limits_{j=1}^{10} c_{ij}}{\sum\limits_{k=1}^{10} \sum\limits_{j=1}^{10} c_{kj}} \qquad (i = 1,2,\cdots,10) \qquad (3-3)$$

运用根法计算权重向量的公式为:

$$a_i = \sqrt[10]{\prod_{j=1}^{10} c_{ij}} \qquad (i = 1,2,\cdots,10) \qquad (3-4)$$

式中　c_{ij}——判断矩阵中的元素;

a_i——指标权重。

3.2.4 判断矩阵的一致性检验

判断矩阵的一致性检验公式为:

$$CR = CI/RI \qquad (3-5)$$

其中

$$CI = \frac{\lambda_{\max} - 10}{10 - 1}$$

$$\lambda_{\max} = \frac{\sum\limits_{i=1}^{10} \sum\limits_{j=1}^{10} (c_{ij} a_i)}{10 a_i}$$

式中　CR——一致性比例;

RI——平均一致性指标;

CI——一致性指标。

当 CR < 0.1 时,判断矩阵具有满意的一致性,否则要重新建立判断矩阵直至达到满意的一致性。

通过上述方法计算即可获得一级指标权重集:

$$A = \{a_1, a_2, \cdots, a_{10}\} \qquad (3-6)$$

同理,计算获得二级指标权重集:

$$A_i = \{a_{ip_1}, a_{ip_2}, \cdots, a_{ip_i}\} \qquad (i = 1, 2, \cdots, 10) \tag{3-7}$$

其中,$a_{ip_i} = \{a_{i1}, a_{i2}, \cdots, a_{ip_i}\}$;若 $i = 1$,$p_1 = 5$,则 $a_{1p_1} = \{a_{11}, a_{12}, \cdots, a_{15}\}$;若 $i = 2$,$p_2 = 3$,则 $a_{2p_2} = \{a_{21}, a_{22}, a_{23}\}$。

3.3　评语集的确定

依据 2.1 节的分析,页岩气开发评价一级评语集 V 和二级评语集 V_i 保持一致,均采用三级分类标准:

$$V = V_i = \{v_1, v_2, v_3\} \tag{3-8}$$

其中,v_1 为好(一类,用代号 1 表示);v_2 为中(二类,用代号 2 表示);v_3 为差(三类,用代号 3 表示)。"好、中、差"的具体含义详见 2.1 节的分析。

3.4　隶属函数的建立

根据研究区特征,经多次试算和验证,选择满足条件的岭型函数来计算单因素的隶属度,岭型函数包括偏小型、中间性和偏大型 3 类函数,分别对应于值越小越好、值取中间最好及值越大越好等具有不同特征的二级指标。

(1)偏小型:

$$A(x) = \begin{cases} 1 & x \leqslant a_1 \\ \dfrac{1}{2} - \dfrac{1}{2}\sin\dfrac{\pi}{a_2 - a_1}\left(x - \dfrac{a_1 + a_2}{2}\right) & a_1 < x \leqslant a_2 \\ 0 & a_2 < x \leqslant a_3 \end{cases} \tag{3-9}$$

(2)中间型:

$$A(x) = \begin{cases} 0 & x \leqslant a_1 \\ 1 & a_1 < x \leqslant a_2 \\ 0 & a_2 < x \leqslant a_3 \end{cases} \tag{3-10}$$

(3)偏大型:

$$A(x) = \begin{cases} 0 & x \leqslant a_1 \\ \dfrac{1}{2} + \dfrac{1}{2}\sin\dfrac{\pi}{a_2 - a_1}\left(x - \dfrac{a_1 + a_2}{2}\right) & a_1 < x \leqslant a_2 \\ 1 & a_2 < x \leqslant a_3 \end{cases} \tag{3-11}$$

通过计算,获得某一指标对评语集的隶属度,采用最大隶属度原则,选取属于某一类别的最大隶属度作为该评价指标的隶属度。

3.5 模糊变换与综合评价

采用表3.1所示的算子开展模糊变换与综合评价。

表3.1 四种算子的综合比较

算子比较内容	$M(\wedge,\vee)$	$M(\cdot,\vee)$	$M(\wedge,\oplus)$	$M(\cdot,\oplus)$
体现权重作用	不明显	明显	不明显	明显
综合程度	弱	弱	强	强
利用的信息	不充分	不充分	比较充分	充分
类型	主因素决定型	主因素突出型	不均衡平均型	加权平均型

采用式(3 − 12)进行二级模糊变换:

$$A_i \circ R_i = \begin{bmatrix} a_{ip_1} \\ a_{ip_2} \\ \vdots \\ a_{ip_i} \end{bmatrix} \circ \begin{bmatrix} r_{i11} & r_{i12} & \cdots & r_{i1p_i} \\ r_{i21} & r_{i22} & \cdots & r_{i2p_i} \\ r_{i31} & r_{i32} & \cdots & r_{i3p_i} \end{bmatrix} = (b_{i1} \quad b_{i2} \quad b_{i3}) = B_i \qquad (i = 1,2,\cdots,10)$$

$$(3 - 12)$$

采用式(3 − 13)进行一级模糊变换:

$$A \circ R = \begin{bmatrix} a_1 \\ a_2 \\ \vdots \\ a_{10} \end{bmatrix} \circ \begin{bmatrix} r_{11} & r_{12} & \cdots & r_{110} \\ r_{21} & r_{22} & \cdots & r_{210} \\ r_{31} & r_{32} & \cdots & r_{310} \end{bmatrix} = (b_1 \quad b_2 \quad b_3) = B \qquad (3 - 13)$$

式中,∘代表模糊算子。

第4章
页岩气开发评价实例应用

选择开发形势一般的重庆某区块、开发形势良好的我国焦石坝页岩气区块和美国 Ford Worth 盆地 Barnett 页岩气区块开展页岩气开发技术评价,以验证上述技术方法对页岩气开发的适用性与可靠性。采用 3.2 节方法,计算页岩气开发技术评价指标权重(表 4.1、表 4.2),在此基础上对上述三个页岩气区块进行开发技术评价。

表 4.1　页岩气开发二级指标权重表

一级指标	二级指标	二级指标权重	重要性
构造特征	构造类型	0.348	必填
	断块规模	0.157	
	断块内断裂复杂性	0.103	
	页岩露头距核心区距离	0.065	
	断裂运动与主储(生)烃期的时空关系	0.065	
	过核心区断裂的封堵性	0.060	
	盖层厚度	0.053	
	构造可信度	0.053	
	盖层连续完整性	0.053	
	断块形态	0.041	选填
沉积特征	岩相类型及特征	0.570	必填
	相带类型及特征	0.321	
	沉积环境	0.109	
储层质量	脆性矿物及含量	0.247	必填
	黏土矿物及含量	0.194	
	孔隙度	0.158	
	页岩储层纵向分布特征	0.115	
	裂缝发育特征	0.093	
	渗透率	0.083	
	岩石各向异性及应力差	0.047	
	页岩储层平面分布特征	0.027	选填

一级指标	二级指标	二级指标权重	重要性
储层质量	铁质矿物及含量	0.022	选填
	敏感性特征	0.014	
流体特征	总有机碳含量 TOC	0.247	必填
	总含气量	0.214	
	有机质干酪根类型	0.162	
	有机质成熟度 R_o	0.137	
	生烃潜力	0.120	
	天然气烃类含量	0.080	
	天然气非烃类含量	0.028	选填
	原始含水饱和度	0.012	
储量规模	技术可采储量规模	0.486	必填
	地质储量丰度	0.219	
	探明有效厚度	0.162	
	探明含气面积	0.134	
气藏特征	气藏中部埋深	0.281	必填
	气藏地层压力	0.248	
	气藏压力梯度	0.198	
	气藏温度	0.105	
	气藏温度梯度	0.102	
	每千米深度标高差	0.045	选填
	地层倾角	0.020	
生产特征	每米无阻流量	0.398	必填
	千米井深初期稳定产量	0.296	
	气藏天然能量	0.153	
	压力系数	0.119	
	产量递减规律	0.034	选填
地理环境	地表特征	0.462	必填
	交通基础设施条件	0.283	
	社会经济状况	0.186	
	气候条件	0.069	选填
开采工艺	钻井方式	0.25	选填
	完井方式	0.25	
	固井方式	0.25	
	增产措施	0.25	
地面工程	井场条件及水源	0.50	

一级指标	二级指标	二级指标权重	重要性
地面工程	采气方式及配套装置	0.167	选填
	输气方式及配套装置	0.167	
	"三废"处理及配套装置	0.167	

注:"必填"指该指标是评价过程不可或缺的;"选填"指评价过程可选择使用。

表 4.2　页岩气开发技术一级指标权重表

一级指标	一级权重计算结果	重要性
流体特征	0.229	必填
储层质量	0.199	
储量规模	0.169	
生产特征	0.127	
气藏特征	0.113	
沉积特征	0.062	
构造特征	0.039	
地理环境	0.034	
开采工艺	0.014	选填
地面工程	0.014	

注:"必填"指该指标是评价过程不可或缺的;"选填"指评价过程可选择使用。

4.1　重庆某区块开发技术综合评价

4.1.1　研究区块的基本地质特征

第1章已经详细介绍了研究区块的基本地质特征,此处不再赘述。根据平均有效孔隙度、平均TOC、总含气量的不同,在W1井钻遇的龙马溪组、五峰组地层识别出5个储层。由表4.3可知,其中3号层和4号层的平均有效孔隙度、平均TOC、总含气量相对较高,是区块主要的页岩气聚集层。

表 4.3　重庆某区块分层数据表

层号	顶深 (m)	底深 (m)	厚度 (m)	硅质含量 (%)	黏土含量 (%)	黄铁矿含量 (%)	平均有效孔隙度 (%)	平均TOC (%)	总含气量 (m³/t)
1	3387.6	3398.0	10.4	42.3	55.1	0.2	1.4	0.8	0.75
2	3413.4	3423.4	10.0	54.9	32.8	0.7	1.4	1.1	1.08
3	3423.4	3434.9	11.5	56.5	28.5	1.5	2.4	2.4	2.49
4	3436.9	3446.9	12.0	68.3	22.3	2.5	2.6	2.3	2.51
5	3446.9	3449.2	2.3	35.6	31.4	1.3	1.0	0.5	0.83

4.1.2 页岩气储量计算

采用体积法计算研究区块的页岩气地质储量。借助 Petrel 软件,利用地震结合测井解释成果,建立了区块构造模型和埋深模型(欧成华等,2007,2011;Ou Chenghua 等,2016c,2016d);在此基础上,圈定 W1 井深埋藏深度 1500m 以深的范围,作为五峰组—龙马溪组的含气面积。依据页岩气区二维地震资料解释以及龙马溪组储层等厚图,用 3 号层和 4 号层的有效厚度作约束,获取了 1500m 深度以深的有效厚度分布图,据此确定有效厚度。而含气量和岩石密度均来源于测井解释并参考了测试数据。同时依据测井解释结论,将 3 号层和 4 号层的岩石密度加权获得区块的储层岩石密度。

按照上述方法计算获得区块的储量,如表 4.4 和图 4.1 所示。埋深大于 1500m 范围的面积为 $80.92km^2$,地质储量为 $123.67 \times 10^8 m^3$,地质储量丰度(图 4.2)介于 $1.23 \times 10^8 \sim 2.05 \times 10^8 m^3/km^2$,若按采收率为 10%、15% 和 20% 分别计算获得可采储量为 $12.37 \times 10^8 m^3$、$18.55 \times 10^8 m^3$、$24.73 \times 10^8 m^3$。

表 4.4　重庆某区块埋深 1500m 以深范围储量表

面积 (km^2)	有效厚度 (m)	岩石密度 (g/cm^3)	平均含气量 (m^3/t)	地质储量 ($10^8 m^3$)	地质储量丰度 ($10^8 m^3/km^2$)	采收率 (%)	可采储量 ($10^8 m^3$)
						10	12.37
80.92	23~31	2.58	2.50	123.67	1.23~2.05	15	18.55
						20	24.73

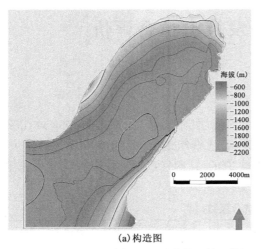

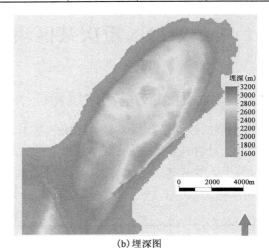

(a) 构造图　　　　　　　　　　　(b) 埋深图

图 4.1　重庆某区块埋深 1500m 以深范围构造图和埋深图

对比美国得克萨斯州中东部 Barnett 页岩气藏、我国重庆涪陵地区焦石坝页岩气藏和重庆某区块的地质特征不难发现,与前两者相比,该区块无论是储量丰度、还是储层能量都相差甚大,因此区块的采收率应该远远低于 Barnett 页岩气藏和焦石坝页岩气藏。采用类比法,综合考虑后选取 15% 作为区块的采收率,最终选定 $18.55 \times 10^8 m^3$ 作为本区块优质页岩的可采储量。

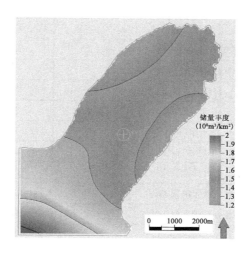

图 4.2　重庆某区块埋深 1500m 以深范围储量丰度图

4.1.3　评价指标提取

在上述成果的基础上,同时结合文献资料(胡东凤等,2014;谭淋耘等,2015;Zeng 等,2013;Liang 等,2014;唐相路等,2015;魏志红,2015;Tuo 等,2016;Yan 等,2016),建立了重庆某区块页岩气开发二级指标体系,并确定二级指标集(表4.5)。

表 4.5　重庆某区块页岩气开发二级指标参数值表

一级指标	二级指标	取值	取值依据
构造特征	构造类型	0.5	从文献成果及现场资料中获取
	断块规模(km²)	80.92	
	断块形态	0.6	
	断块内断裂复杂性	0.8	
	盖层厚度(m)	110	
	盖层连续完整性	0.8	
	页岩露头与核心区距离(km)	4.05	
	断裂运动与主储(生)烃期的时空关系	0.5	
	过核心区断裂的封堵性	0.5	
	构造可信度	0.5	
沉积特征	沉积环境	0.5	
	相带类型及特征	0.5	
	岩相类型及特征	0.5	
储层质量	页岩储层平面分布特征	0.4	
	页岩储层纵向分布特征	0.4	
	脆性矿物及含量(%)	57	

一级指标	二级指标	取值	取值依据
储层质量	黏土矿物及含量（%）	33.2	从文献成果及现场资料中获取
	铁质矿物含量（%）	10	
	裂缝发育特征	0.3	
	孔隙度（%）	2.5	
	渗透率（nD）	100	
	敏感性特征	0.5	
	岩石各向异性及应力差	0.4	
流体特征	有机质干酪根类型	0.8	
	总有机碳含量 TOC	2.35	
	有机质成熟度 R_o	2.4	
	生烃潜力	1.4	
	总含气量（m^3/t）	2.5	
	天然气烃类含量（%）	98	
	天然气非烃类含量	2	
	原始含水饱和度	22.5	
储量规模	探明含气面积（km^2）	80.92	
	探明有效厚度（m）	23.5	
	技术可采储量规模（$10^8 m^3$）	18.55	
	地质储量丰度（$10^8 m^3/km^2$）	1.6	
气藏特征	地层倾角（°）	2	
	气藏中部埋深（m）	1782	
	每千米深度标高差（m）	35	
	气藏温度（℃）	89	
	气藏温度梯度（℃/100）	2.2	
	气藏地层压力（MPa）	17.4	
	气藏压力梯度（kPa/m）	10	
生产特征	压力系数	0.3	类比临区井
	气藏天然能量	0.3	
	每米无阻流量（$10^4 m^3$）	0.6	
	千米井深初期稳定产量［$10^4 m^3/(km·d)$］	1	
	产量递减规律	0.8	
地理环境	地表特征	0.3	现场调研
	气候条件	0.5	
	交通基础设施条件	0.3	
	社会经济状况	0.4	

一级指标	二级指标	取值	取值依据
开采工艺	钻井方式	0.5	现场调研
	完井方式	0.5	
	固井方式	0.5	
	增产措施	0.5	
地面工程	井场条件及水源	0.3	
	采气方式及配套装置	0.3	
	输气方式及配套装置	0.3	
	"三废"处理及配套装置	0.3	

4.1.4 评价过程

1.求取二级评判指标的评价矩阵

根据页岩气开发二级指标参数值及其对应的指标评价标准,采用和法计算,得到重庆某区块页岩气开发二级指标评价矩阵(表4.6)。

表4.6 重庆某区块页岩气开发二级评判指标评判矩阵计算结果及开发评价结果

二级指标	评判矩阵	评价结果
构造类型	(0.25,1,0.067)	2
断块规模	(1,0.318,0)	1
断块形态	(0.75,1,0.067)	2
断块内断裂复杂性	(1,0.950,0)	1
盖层厚度	(1,0.854,0)	1
盖层连续完整性	(0,0.970,1)	3
页岩露头与核心区距离	(0,0.510,1)	3
断裂运动与主储(生)烃期的时空关系	(0,1,1)	2
过核心区断裂的封堵性	(0.25,1,0.067)	2
构造可信度	(0.25,1,0.067)	2
沉积环境	(0.25,1,0.067)	2
相带类型及特征	(0.25,1,0.067)	2
岩相类型及特征	(0.25,1,0.067)	2
页岩储层平面分布特征	(0.655,1,0.345)	2
页岩储层纵向分布特征	(0.655,1,0.345)	2
脆性矿物及含量	(1,0.616,0)	1
黏土矿物及含量	(0.768,1,0.232)	2

二级指标	评判矩阵	评价结果
铁质矿物含量	$(1,1,0)$	1
裂缝发育特征	$(0,0.854,1)$	3
孔隙度	$(0.067,1,0.25)$	2
渗透率	$(1,1,0.5)$	1
敏感性特征	$(0.25,1,0.067)$	2
岩石各向异性及应力差	$(0,1,1)$	2
有机质干酪根类型	$(1,0.950,0)$	1
总有机碳含量 TOC	$(0.074,1,0.239)$	2
有机质成熟度 R_o	$(1,0.905,0)$	1
生烃潜力	$(0.345,1,0.024)$	2
总含气量	$(0.146,1,0.146)$	2
天然气烃类含量	$(1,0.998,0)$	1
天然气非烃类含量	$(1,0.655,0)$	1
原始含水饱和度	$(0.854,1,0.146)$	2
探明含气面积	$(0.536,1,0.001)$	2
探明有效厚度	$(0.761,1,0.074)$	2
技术可采储量规模	$(0,0.845,1)$	3
地质储量丰度	$(0,0.713,1)$	3
地层倾角	$(1,0.905,0)$	1
气藏中部埋深	$(1,0.190,0)$	1
每公里深度标高差	$(1,0.906,0)$	1
气藏温度	$(0.578,1,0.422)$	2
气藏温度梯度	$(0.655,1,0.345)$	2
气藏地层压力	$(0.128,1,0.165)$	2
气藏压力梯度	$(0.637,1,0.019)$	2
压力系数	$(0.655,1,0.024)$	2
气藏天然能量	$(0,0.854,1)$	3
每米无阻流量	$(0,0.655,1)$	3
千米井深初期稳定产量	$(0,0.75,1)$	3
产量递减规律	$(1,0.950,0)$	1
地表特征	$(0,0.854,1)$	3
气候条件	$(0.25,1,0.067)$	2
交通基础设施条件	$(0,0.854,1)$	3
社会经济状况	$(0,1,1)$	2
钻井方式	$(0.25,1,0.067)$	2

二级指标	评判矩阵	评价结果
完井方式	(0.25,1,0.067)	2
固井方式	(0.25,1,0.067)	2
增产措施	(0.25,1,0.067)	2
井场条件及水源	(0,0.854,1)	3
采气方式及配套装置	(0,0.854,1)	3
输气方式及配套装置	(0,0.854,1)	3
"三废"处理及配套装置	(0,0.854,1)	3

2. 求取一级综合性评判指标评价矩阵

在获得各个二级单指标评判指标评价矩阵的基础上,对于没有明确边界值的一级评判指标,其指标评价矩阵可利用上一级评判指标的单指标评价矩阵和层次分析法求出的该级评判指标的权重集,经模糊综合变换后求出。重庆某区块的一级指标评价矩阵及评价结果如表4.7所示。

表 4.7 重庆某区块一级评判指标评判矩阵及评价结果

一级指标	评判矩阵	评价结果
构造特征	(0.46,0.85,0.22)	2
沉积特征	(0.25,1,0.067)	2
储层质量	(0.608,0.892,0.316)	2
流体特征	(0.51,0.97,0.095)	2
储量规模	(0.1949,0.86,0.72)	2
气藏特征	(0.63,0.766,0.12)	2
生产特征	(0.11,0.76,0.85)	3
地理环境	(0.02,0.89,0.94)	3
开采工艺	(0.25,1,0.067)	3
地面工程	(0,0.85,1)	3

4.1.5 综合评价结果

在获得重庆某区块各一级评判指标的评价矩阵和权重系数后,经过模糊变换,确定重庆某区块的最终评判矩阵和综合评价结果,如表4.8所示。

表 4.8 重庆某区块最终评价结果

样本	综合评判结果			类别
重庆某区块	0.237	0.530	0.233	中(二类)

4.2 涪陵焦石坝页岩气区块开发技术综合评价

4.2.1 研究区块的基本地质特征

第1章已经详细论述了涪陵焦石坝页岩气区块的基本地质特征,此处不再赘述。

4.2.2 评价指标提取

充分利用文献资料(Chen 等,1994;Yan 等,2003;蒲泊伶,2008;Liang 等,2012;胡东凤等,2014;郭彤楼等,2014;Guo 等,2014;谭淋耘等,2015;欧成华和李朝纯,2017;Ou Chenghua 等,2016a,2017,2018b,2018c,2019)和现场调研数据,建立涪陵焦石坝页岩气区块的二级指标体系,并确定涪陵焦石坝页岩气区块的二级指标集,如表4.9所示。

表4.9 涪陵焦石坝页岩气区块开发二级指标参数值表

一级指标	二级指标	取值	取值依据
构造特征	构造类型	1	
	断块规模(km²)	264	
构造特征	断块形态	0.8	
	断块内断裂复杂性	0.8	
	盖层厚度(m)	90	
	盖层连续完整性	1.2	
	页岩露头与核心区距离(km)	30	
	断裂运动与主储(生)烃期的时空关系	1	
	过核心区断裂的封堵性	1	
	构造可信度	1	从文献成果及现场资料中获取
沉积特征	沉积环境	1	
	相带类型及特征	1	
	岩相类型及特征	1	
储层质量	页岩储层平面分布特征	0.1	
	页岩储层纵向分布特征	0.1	
	脆性矿物及含量(%)	60	
	黏土矿物及含量(%)	34.6	
	铁质矿物含量(%)	4	
	裂缝发育特征	1	
	孔隙度(%)	4.61	
	渗透率(nD)	160	

一级指标	二级指标	取值	取值依据
储层质量	敏感性特征	0.8	
	岩石各向异性及应力差	0.8	
流体特征	有机质干酪根类型	0.8	
	总有机碳含量 TOC	2.52	
	有机质成熟度 R_o	2.61	
	生烃潜力	2	
	总含气量(m^3/t)	2.99	
	天然气烃类含量(%)	99	
	天然气非烃类含量	0	
	原始含水饱和度	0	
储量规模	探明含气面积(km^2)	264	从文献成果及现场资料获取
	探明有效厚度(m)	38	
	技术可采储量规模($10^8 m^3$)	1050	
	地质储量丰度($10^8 m^3/km^2$)	10	
气藏特征	地层倾角(°)	3	
	气藏中部埋深(m)	3000	
	每千米深度标高差(m)	52	
	气藏温度(℃)	86	
	气藏温度梯度(℃/100m)	2.3	
	气藏地层压力(MPa)	37.69	
	气藏压力梯度(kPa/m)	13	
生产特征	压力系数	1.4	
	气藏天然能量	1.1	
	每米无阻流量($10^4 m^3$)	2.2	
	千米井深初期稳定产量[$10^4 m^3/(km \cdot d)$]	6	
	产量递减规律	0.8	
地理环境	地表特征	1	现场调研
	气候条件	0.5	
	交通基础设施条件	1	
	社会经济状况	0.8	
开采工艺	钻井方式	0.5	
	完井方式	0.5	
	固井方式	0.5	
	增产措施	0.5	
地面工程	井场条件及水源	1	

一级指标	二级指标	取值	取值依据
地面工程	采气方式及配套装置	1	现场调研
	输气方式及配套装置	1	
	"三废"处理及配套装置	1	

4.2.3 评价过程

1. 求取二级评判指标的评价矩阵

根据页岩气开发二级指标参数值及其对应的指标评价标准,采用和法计算,得到涪陵焦石坝页岩气区块开发二级指标评价矩阵(表4.10)。

表4.10 涪陵焦石坝页岩气区块二级评判指标评判矩阵计算结果及开发评价结果

二级指标	评判矩阵	评价结果
构造类型	(1,0.61,0)	1
断块规模	(1,0.82,0)	1
断块形态	(1,0.95,0)	1
断块内断裂复杂性	(1,0.95,0)	1
盖层厚度	(1,0.15,0)	1
盖层连续完整性	(1,1,0.5)	1
页岩露头距核心区距离	(1,0.04,0)	1
断裂运动与主储(生)烃期的时空关系	(1,0.61,0)	1
过核心区断裂的封堵性	(1,0.61,0)	1
构造可信度	(1,0.61,0)	1
沉积环境	(1,0.61,0)	1
相带类型及特征	(1,0.61,0)	1
岩相类型及特征	(1,0.61,0)	1
页岩储层平面分布特征	(1,0.5,0)	1
页岩储层纵向分布特征	(1,0.5,0)	1
脆性矿物及含量	(1,0.5,0)	1
黏土矿物及含量	(0.56,1,0.44)	2
铁质矿物含量	(1,0.65,0)	1
裂缝发育特征	(1,0.61,0)	1
孔隙度	(0.96,1,0.3)	2
渗透率	(1,0.35,0)	1
敏感性特征	(1,0.95,0)	1

二级指标	评判矩阵	评价结果
岩石各向异性及应力差	(1,0.95,0)	1
有机质干酪根类型	(1,0.95,0)	1
总有机碳含量 TOC	(0.16,1,0.14)	2
有机质成熟度 R_o	(1,0.79,0)	1
生烃潜力	(1,1,0.5)	1
总含气量	(0.49,1,0)	2
天然气烃类含量	(1,1,0)	1
天然气非烃类含量	(1,1,0)	1
原始含水饱和度	(1,1,0)	1
探明含气面积	(1,0.71,0)	1
探明有效厚度	(1,0.83,0)	1
技术可采储量规模	(1,0.5,0)	1
地质储量丰度	(1,0.85,0)	1
地层倾角	(1,0.79,0)	1
气藏中部埋深	(0.5,1,0.5)	2
每千米深度标高差	(0,0.8,0)	1
气藏温度	(0.79,1,0.21)	2
气藏温度梯度	(0.35,1,0.65)	2
气藏地层压力	(1,0.19,0)	1
气藏压力梯度	(1,0.95,0)	1
压力系数	(1,0.83,0)	1
气藏天然能量	(1,0.39,0)	1
每米无阻流量	(1,0.98,0)	1
千米井深初期稳定产量	(1,0.9,0)	1
产量递减规律	(1,0.95,0)	1
地表特征	(1,0.61,0)	1
气候条件	(0.25,1,0.07)	2
交通基础设施条件	(1,0.61,0)	1
社会经济状况	(1,0.95,0)	1
钻井方式	(0.25,1,0.07)	2
完井方式	(0.25,1,0.07)	2
固井方式	(0.25,1,0.07)	2
增产措施	(0.25,1,0.07)	2
井场条件及水源	(1,0.61,0)	1
采气方式及配套装置	(1,0.61,0)	1

二级指标	评判矩阵	评价结果
输气方式及配套装置	(1,0.61,0)	1
"三废"处理及配套装置	(1,0.61,0)	1

2.求取一级综合性评判指标评价矩阵

在获得各个二级单指标评判指标评价矩阵的基础上,对于没有明确边界值的一级评判指标,其指标评价矩阵可利用上一级评判指标的单指标评价矩阵和层次分析法求出的该级评判指标的权重集,经模糊综合变换后求出。涪陵焦石坝页岩气区块的一级指标评价矩阵及评价结果如表4.11所示。

表4.11 涪陵焦石坝页岩气区块一级评判指标评判矩阵及评价结果

一级指标	评判矩阵	评价结果
构造特征	(1,0.65,0.03)	1
沉积特征	(1,0.611,0)	1
储层质量	(0.909,0.705,0.133)	1
流体特征	(0.68,0.96,0.094)	2
储量规模	(1,0.66,0)	1
气藏特征	(0.77,0.776,0.23)	2
生产特征	(1,0.85,0)	1
地理环境	(0.95,0.7,0)	1
开采工艺	(0.25,1,0.067)	2
地面工程	(1,0.61,0)	1

4.2.4 综合评价结果

在获得涪陵焦石坝页岩气区块各评价指标的评价矩阵和权重系数后,经模糊变换,确定涪陵焦石坝页岩气区块的最终评判矩阵和综合评价结果,如表4.12所示。

表4.12 涪陵焦石坝页岩气区块最终评价结果

样本	综合评判结果			类别
涪陵焦石坝页岩气区块	0.505	0.451	0.044	好(一类)

4.3 美国 Ford Worth 盆地 Barnett 页岩气区开发技术综合评价

4.3.1 研究区块的基本地质特征

第1章已经详细论述了涪陵焦石坝页岩气区块的基本地质特征,此处不再赘述。

4.3.2 评价指标提取

充分利用文献资料和数据（Walper，1982；Curtis，2002；Montgomery 等，2005；Song，2006；Hill 等，2007；Pollastro，2007；Bowker，2007；Hickey 等，2007；Loucks 和 Ruppel，2007；Carlson，2010；Jarvie，2007；EIA，2015；Ou Chenghua 等，2016a），建立 Ford Worth 盆地 Barnett 页岩气区块的二级指标体系，并确定二级指标集（表4.13）。

表 4.13　Ford Worth 盆地 Barnett 页岩气区块开发二级指标参数值表

一级指标	二级指标	取值	取值依据
构造特征	构造类型	0.8	从文献成果及调研资料中获取
	断块规模（km²）	1036	
	断块形态	0.8	
	断块内断裂复杂性	0.8	
	盖层厚度（m）	120	
	盖层连续完整性	1.2	
	页岩露头与核心区距离（km）	60	
	断裂运动与主储(生)烃期的时空关系	1.2	
	过核心区断裂的封堵性	1	
	构造可信度	1	
沉积特征	沉积环境	1	
	相带类型及特征	1	
	岩相类型及特征	1	
储层质量	页岩储层平面分布特征	0.1	
	页岩储层纵向分布特征	0.1	
	脆性矿物及含量（%）	53	
	黏土矿物及含量（%）	27	
	铁质矿物含量（%）	8	
	裂缝发育特征	1	
储层质量	孔隙度（%）	4.5	
	渗透率（nD）	200	
	敏感性特征	0.9	
	岩石各向异性及应力差	0.8	
流体特征	有机质干酪根类型	0.8	
	总有机碳含量 TOC	2.75	
	有机质成熟度 R_o	1.7	
	生烃潜力	2	
	总含气量（m³/t）	5.57	

一级指标	二级指标	取值	取值依据
流体特征	天然气烃类含量（%）	99	
	天然气非烃类含量	1	
	原始含水饱和度	25	
储量规模	探明含气面积（km²）	1036	
	探明有效厚度（m）	85	
	技术可采储量丰度（$10^8 m^3/km^2$）	2596.65	
	地质储量规模（$10^8 m^3$）	30	
	地层倾角（°）	0.4	
	气藏中部埋深（m）	1500	
	每千米深度标高差（m）	7	
	气藏温度（℃）	82	
	气藏温度梯度（℃/100m）	2.7	
	气藏地层压力（MPa）	27.048	
	气藏压力梯度（kPa/m）	18	
气藏特征	压力系数	1.17	从文献成果及调研资料中获取
	气藏天然能量	0.8	
	每米无阻流量（$10^4 m^3$）	2.4	
	千米井深初期稳定产量[$10^4 m^3/(km·d)$]	8	
	产量递减规律	0.8	
地理环境	地表特征	1	
	气候条件	0.5	
	交通基础设施条件	1	
	社会经济状况	0.8	
开采工艺	钻井方式	1	
	完井方式	1	
	固井方式	1	
	增产措施	1	
地面工程	井场条件及水源	1	
	采气方式及配套装置	1	
	输气方式及配套装置	1	
	"三废"处理及配套装置	1	

4.3.3 评价过程

1.求取二级评判指标的评价矩阵

根据页岩气开发二级指标参数值及其对应的评价标准,采用和法计算,得到 Ford Worth 盆地 Barnett 页岩气区块开发二级指标评价矩阵(表 4.14)。

表 4.14 **Ford Worth 盆地 Barnett 页岩气区块二级评判指标评判矩阵计算结果及开发评价结果**

二级指标	评判矩阵	评价结果
构造类型	(1,0.950,0)	1
断块规模	(1,0.819,0)	1
断块形态	(1,0.950,0)	1
断块内断裂复杂性	(1,0.950,0)	1
盖层厚度	(1,1,0)	1
盖层连续完整性	(1,1,0.5)	1
页岩露头与核心区距离	(1,0.146,0)	1
断裂运动与主储(生)烃期的时空关系	(1,0.188,0)	1
过核心区断裂的封堵性	(1,0.611,0)	1
构造可信度	(1,0.611,0)	1
沉积环境	(1,0.611,0)	1
相带类型及特征	(1,0.611,0)	1
岩相类型及特征	(1,0.611,0)	1
页岩储层平面分布特征	(1,0.5,0)	1
页岩储层纵向分布特征	(1,0.5,0)	1
脆性矿物及含量	(1,0.761,0)	1
黏土矿物及含量	(1,0.024,0)	1
铁质矿物含量	(1,0.095,0)	1
裂缝发育特征	(1,0.611,0)	1
孔隙度	(0.933,1,0.25)	2
渗透率	(1,0,0)	1
敏感性特征	(1,0.812,0)	1
岩石各向异性及应力差	(1,0.950,0)	1
有机质干酪根类型	(1,0.950,0)	1
总有机碳含量 TOC	(0.309,1,0.038)	1
有机质成熟度 R_o	(0.611,1,0.013)	2
生烃潜力	(1,1,0.5)	2
总含气量	(1,0.666,0)	1

二级指标	评判矩阵	评价结果
天然气烃类含量	(1,0.996,0)	1
天然气非烃类含量	(1,0.905,0)	1
原始含水饱和度	(0.5,1,0.5)	2
探明含气面积	(1,0.287,0)	1
探明有效厚度	(1,0.933,0)	1
技术可采储量规模	(1,0.003,0)	1
地质储量丰度	(1,0.146,0)	1
地层倾角	(1,0.996,0)	1
气藏中部埋深	(1,0.345,0)	1
每千米深度标高差	(1,0.996,0)	1
气藏温度	(0.976,1,0.024)	2
气藏温度梯度	(0,0.984,1)	3
气藏地层压力	(1,0.876,0)	1
气藏压力梯度	(1,0.288,0)	1
压力系数	(1,0.990,0)	1
气藏天然能量	(1,0.950,0)	1
每米无阻流量	(1,0.905,0)	1
千米井深初期稳定产量	(1,0.345,0)	1
产量递减规律	(1,0.950,0)	1
地表特征	(1,0.611,0)	1
气候条件	(0.25,1,0.067)	2
交通基础设施条件	(1,0.611,0)	1
社会经济状况	(1,0.950,0)	1
钻井方式	(1,0.611,0)	1
完井方式	(1,0.611,0)	1
固井方式	(1,0.611,0)	1
增产措施	(1,0.611,0)	1
井场条件及水源	(1,0.611,0)	1
采气方式及配套装置	(1,0.611,0)	1
输气方式及配套装置	(1,0.611,0)	1
"三废"处理及配套装置	(1,0.611,0)	1

2. 求取一级综合性评判指标评价矩阵

运用与上节同样的方法获得 Ford Worth 盆地 Barnett 页岩气区块的一级指标评价矩阵及评价结果,如表4.15所示。

表 4.15　Ford Worth 盆地 Barnett 页岩气区一级评判指标评判矩阵及评价结果

一级指标	评判矩阵	评价结果
构造特征	(1,0.79,0.03)	1
沉积特征	(1,0.611,0)	1
储层质量	(0.989,0.537,0.04)	1
流体特征	(0.77,0.92,0.077)	2
储量规模	(1,0.22,0)	1
气藏特征	(0.9,0.642,0.1)	1
生产特征	(1,0.76,0)	1
地理环境	(0.95,0.7,0)	1
开采工艺	(1,0.61,0)	1
地面工程	(1,0.61,0)	1

4.3.4　综合评价结果

在获得 Ford Worth 盆地 Barnett 页岩气区块各一级评判指标的评价矩阵和权重系数后,经过模糊变换,可确定出该区块的最终评判矩阵和综合评价结果,如表 4.16 所示。

表 4.16　Ford Worth 盆地 Barnett 页岩气区块最终评价结果

样本	综合评判结果			类别
美国 Ford Worth 盆地 Barnett 页岩气区	0.581	0.395	0.024	好(一类)

第2篇

经济评价

第5章
页岩气开发经济评价参数确定

经济评价是页岩气开发前期工作的重要内容,对提高投资决策的科学化水平,减少和规避投资风险,以及充分发挥投资效益具有重要作用。

经济评价是在投资估算的基础上对其生产成本、收入、税金、利润、贷款偿还年限、资金利润率和内部收益率等进行计算后,对建设项目是否可行做出的结论性方案,通常包括财务评价和国民经济评价两部分(鲍学英,赵延龙,2009)。财务评价主要是计算项目范围内的财务效益和费用,分析项目的盈利能力和清偿能力,评价项目在财务上的可行性。国民经济评价主要是计算项目对国民经济的贡献,分析项目的经济效益、效果和对社会的影响,评价项目在宏观经济上的合理性。

由于"对于费用效益计算比较简单,建设期和运营期比较短,不涉及进口平衡等一般项目,如果财务评价的结论能够满足投资决策需要,可不进行国民经济评价"(国家发展和改革委员会,2006),因此本书对页岩气开发项目作经济评价时不进行国民经济评价。

在做经济评价前必须先确定经济评价参数。所谓经济评价参数,是指用于计算、衡量建设项目费用与效益的主要基础数据,以及判断项目财务可行性和经济合理性的一系列评价指标的基准值和参考值,一般分为计算参数和判据参数(国家发展和改革委员会,2006;徐金泉,2004;岩田刚一,2004)两类。

5.1　计算参数

计算参数是指用于项目费用和效益计算的参数。

对页岩气开发项目进行经济评价时,除了需要获取目标区块的产气量外,还需要单井开发工程投资、页岩气商业气价、页岩气经营操作成本等参数。这些参数都属于计算参数范畴。

5.1.1　页岩气单井开发工程投资

单井开发工程投资包括开发井投资、地面工程投资及公用工程投资。

开发工程包括钻(完)井工程、压裂工程、试气工程,钻(完)井工程又包括钻前工程、钻井工程、录井工程、测井工程、固井工程、完井工程,因此,开发井投资就包括所有这些环节的投资费用。目前国内页岩气开发多实行总承包模式,在进行总承包时又都是按区块议价,各个区块的价格都不一样(匡建超,2006)。在估算具体区块的开发工程价格时,一般都是参考《建设项目经济评价方法与参数(第三版)》《中国石油天然气集团公司建设项目可行性研究投资估算编制规定》《中国石油天然气集团公司四川油气田钻井系统工程预算定额(试行)》《中国石油天然气集团公司建设项目经济评价参数》《中国石油天然气集团公司石油建设项目其他费用和相关费用规定》,以及区块所在地域《建筑定额》等规范性文件来估算的。

地面工程包括增压装置、集输系统、储运、油气处理、页岩气净化装置、采出水处理、给排水及消防、供电、自动控制、通信、道路及环境保护等工程,对该部分投资的测算采用单井地面建设投资扩大定额法(趋塑等,2000)。

公用工程投资包括机修工程、后勤及辅助企业、矿区民用建设、其他非安装设备、综合利用工程、环保工程、计算机工程及其他工程等。基于页岩气开发项目是对页岩气的勘探开发作经济评价,所以该部分投资在这里不考虑计入单井开发工程投资中。

5.1.2 页岩气价格

由于页岩气的主要用途为工业用气,且目前页岩气的管输办法主要是经公用管网进行输送,因此在确定评价所需的页岩气价格时,可以参照区块所在地物价局发布的相关文件。

5.1.3 页岩气价格补贴

页岩气开发项目属于国家鼓励和扶持的项目,财政部和国家能源局发布有《关于出台页岩气开发利用补贴政策的通知》,通知中明确了中央财政对页岩气开采企业给予的补贴标准。

5.1.4 页岩气经营操作成本

生产成本包括操作成本和折耗及折旧。操作成本是指页岩气生产阶段对页岩气井进行作业、维护及相关设备设施生产运行而发生的费用,包括为上述井及相关设备设施的生产运行提供作业的人员费用,作业、修理和维护费用,以及物料消耗、财产保险、矿区维护管理发生的费用等。它直接影响项目的投资收益、盈利水平、投资回收期等经济指标,因此作经济评价时必须予以考虑。基于逐项逐日核实和计入这些费用既不现实也耗费人力物力,因此在作经济评价时通常以年为计时单位,以每立方米页岩气为计量单位来计算页岩气的操作成本。

5.1.5 其他计算参数

(1)项目概况:一般是指项目寿命期,其中包括建设期和生产期。

(2)分年产气量:区块页岩气分年产气量是计算相关指标的基础数据。

(3)建设投资:在已知的按口计算的单井钻井投资、折合单井集输投资及总井数的基础上,计算出区块的开发建设投资额。

(4)贷款情况:页岩气开发建设投资一般都包括一定比例的自有资金和一定比例的长期贷款,贷款利率参照银行同期相关贷款利率确定。

(5)总投资情况:一般包括建设投资、建设期利息、流动资金及项目总投资。

(6)总投资形成资产情况:主要是对开发井工程费用、集输工程费用及其他、建设期利息、流动资金贷款等进行固定资产和流动资产的分类。

5.2　判据参数

判据参数是指用于比较项目优劣、判定项目可行性的参数。

对于某页岩气开发项目的优劣及是否可行的判据参数一般参照天然气行业的相关标准,不同的评价指标有不同的判据参数,见表5.1(罗萍,2009)。

表5.1　页岩气开发项目经济评价判据参数

评价指标	判据参数
财务内部收益率 FIRR(%)	8%(常规天然气行业标准)
财务净现值 FNPV(万元)	>0
财务静态投资回收期 P_t(年)	10 年(常规天然气行业标准)
财务动态投资回收期 P'_t(年)	项目寿命周期
总投资收益率 ROI(%)	银行同期利率
资本金净利润率 ROE(%)	银行同期利率
利息备付率 ICR	2(石油天然气行业最低可接受值)
偿债备付率 DSCR	1.3(石油天然气行业最低可接受值)
资产负债率 LOAR	50%(石油天然气行业最高可接受值)
年净现金流量(万元)	0
累计盈余资金(万元)	0

第6章
页岩气开发经济评价理论方法

开展好页岩气勘探开发一体化经济评价,需要理清勘探储量与开发产量之间的内在逻辑关系。储量是资源基础,产量是效益保证,储量是产量的前提。为此,在进行具体经济效益评价时,有两个基础工作是非做不可的:一是估算清楚作为勘探阶段最大成果的目标区块的页岩气储量;二是设计清楚目标区块开发阶段的页岩气日产气量(或年产气量),再结合区块预设最终采收率,就可得出目标区块的大致滚动开发年限(或项目寿命期)。

在整个寿命期内,目标区块的页岩气滚动开发是否具有财务可行性,是否具备一定的抗风险能力,这就需要对项目开展详细的经济效益评价分析,具体包括投资估算与资金筹措、损益分析、财务可行性分析、不确定性分析等。系统严谨地做好上述评价工作意义非同小可:一是能为项目制定出适宜的资金筹措计划,以便各资金提供方能够据此及时、足量的确保资金到位;二是对项目所作的财务指标计算和财务能力分析的结果,都是项目各投资主体、债权人以及国家和地方各级管理部门等进行科学理智决策的重要依据(潘楠,2014)。

经济评价方法介绍过程中所涉及的相关概念和公式主要援引国家发展改革委员会和建设部发布由中国计划出版社 2006 年出版的《建设项目经济评价方法与参数(第三版)》,以及刘晓君主编的由科学出版社 2013 年出版的《技术经济学(第二版)》。

6.1 目标区块井网部署及实施方案的制定

通常评估对象都是未开发的目标区块,因此,制定目标区块井网部署及实施方案时,需要选取页岩气基本特征相似的、已经投产的页岩气井作参考。通过参考井的生产特征来预估目标区块的单井日产气量,获得目标区块单井产量动态变化数据,以目标区块实际井位处的储量丰度、埋深和压力系数等综合确定目标区块的单井初产,参照国内外页岩气产气规律确定目标区块单井产量的递减规律,综合考虑目标区块的实际情况,选定开展井网部署及经济评价的甜点区域。结合目标区块的页岩气基本特征,分别考虑日初产量不同情况下的布井方式和布井口数。

6.2　目标区块开发投资估算

投资是指经营某项事业预先垫付的资金和其他实物。目标区块页岩气开发项目总投资是指项目建设和投入运营所需要的全部资金和其他实物,开发总投资形成的资产一般包括油气资产、固定资产和流动资产三大项(高倩,2008)。

6.2.1　投资估算的依据

投资估算是进行目标区块页岩气开发财务分析的重要基础。其估算方法是否正确、估算精度是否达标、计价依据与价格体系等是否客观准确,都将最终影响到目标区块页岩气开发项目的财务可行性判断。

进行投资估算时应遵循费用与效益计算口径一致的原则,为了估算更准确更符合实际,页岩气开发投资估算的依据一般为以下 10 条:

(1)《中国石油天然气集团公司建设项目可行性研究投资估算编制规定》(中油计〔2013〕429 号)。

(2)安装工程采用《石油建设安装工程概算指标(2015 版)》(中油计〔2015〕11 号)。

(3)工程费用定额执行《石油建设安装工程费用定额》(2015 版)》(中油计〔2015〕12 号)。

(4)其他费用采用《中国石油天然气集团公司建设项目其他费用和相关费用规定》(中油计〔2012〕534 号)。

(5)《关于深化增值税改革有关政策的公告》(财政部　税务总局　海关总署公告 2019 年第 39 号)。

(6)《关于重新调整石油建设安装工程计价依据增值税税率有关事项的通知》(计划〔2019〕355 号)。

(7)《工程勘察设计收费标准》(2002 年修订本)(计价字〔2002〕10 号)。

(8)各专业提供的工程量、设备、材料价格采用近期询价和估价。

(9)国内相似工程的造价资料、建设单位提供的有关资料。

(10)国家、行业及项目所在地的有关政策规定、文件。

6.2.2　投资估算的内容

投资估算包括建设投资、建设期利息和流动资金三大部分。

1.建设投资

建设投资是指项目从建设到投入运营前所需花费的全部资本性支出,由开发井工程费用、集输工程费用及其他两部分组成(陈一鹤,2015),其中开发井工程费用计入油气资产,集输工程费用及其他计入固定资产。

2. 建设期利息

建设期利息是指从银行借款需要支付给银行的资金使用成本。通常投资开发资金包括一定比例的自有资金和银行借款，其中银行借款是需要进行利息估算的。计算银行借款利息时主要参考以下 3 个公式。

（1）有效年利率。其计算公式如下：

$$有效年利率 = \left(1 + \frac{r}{m}\right)^m - 1$$

式中　r——名义年利率；

　　　m——每年计息的次数。

（2）区块开发建设期利息采用自有资金付息，建设期利息按单利计算。其计算公式如下：

$$各年应计利息 = (年初借款本金累计 + 本年借款额/2) \times 名义年利率$$

（3）区块开发建设期利息采用银行借款付息，建设期利息按复利计算。其计算公式如下：

$$各年应计利息 = (年初借款本息累计 + 本年借款额/2) \times 有效年利率$$

建设期利息计入固定资产。

3. 流动资金

流动资金是指运营期内长期占用并周转使用的资金，是流动资产与流动负债的差额。其中，流动资产的构成要素主要包括存货、现金、应收账款和预付账款；流动负债的构成要素则只考虑应付账款和预收账款。

流动资金的估算一般有分项详细估算法与扩大指标估算法两种。

若进行分项估算，则需要首先确定各分项的最低周转天数，计算出周转次数后再进行分项估算。

周转次数的计算公式为：

$$周转次数 = 360 天 \div 最低周转天数$$

分项估算时需要计算的指标有：

$$流动资金 = 流动资产 - 流动负债$$

$$流动资产 = 预付账款 + 存货 + 应收账款 + 现金$$

$$预付账款 = 外购商品或服务费用金额 \div 预付账款周转次数$$

$$存货 = 外购油品 + 外购燃料$$

$$外购油品 = 年外购油品费用 \div 外购油品周转次数$$

$$外购燃料 = 年外购燃料费用 \div 外购燃料周转次数$$

$$应收账款 = 年经营成本 \div 应收账款周转次数$$

$$现金 = (年人员费用 + 年其他费用) \div 现金周转次数$$

$$流动负债 = 应付账款 + 预收账款$$

$$应付账款 = (年外购油品费用 + 年外购燃料费用 + 年外购动力费用) \div 应付账款周转次数$$

$$预收账款 = 预收的营业收入年金额 \div 预收账款周转次数$$

$$流动资金本年增加额 = 本年流动资金 - 上年流动资金$$

其中,年其他费用包括年其他营业费用和年其他管理费用。

若采用扩大指标法估算流动资金,则可根据项目正常年份经营成本或销售收入乘以一定的比率估算出流动资金的额度,当然也可根据项目总投资或项目建设投资乘以一定的比率得出。

流动资金中自有资金和贷款计入流动资产。

6.3　目标区块开发损益估算

目标区块开发损益估算是进行项目财务分析与不确定性分析的重要基础,其估算的精度最终会影响到对项目财务可行性与抗风险能力的评判。通常包括区块开发总成本费用估算及区块开发营业收入、营业税金及附加与利润估算两方面内容(刘晓君, 2013)。

6.3.1　区块开发总成本费用估算

区块开发总成本费用是指区块开发在运营期内从事页岩气生产经营活动所发生的、与营业收入相对应的全部费用,包括生产成本、管理费用、财务费用和营业费用四项(陈一鹤,2015)。

1. 生产成本估算

生产成本由操作成本、折耗与折旧三部分组成。
操作成本按年均值法计算,计算公式为:

$$年均操作成本 = 生产期内总操作成本/生产期$$

折耗按工作量法计算,其计算公式为:

$$年折耗费 = 油气资产原值 \times 年产气量/总产气量$$

折旧按工作量法计算,其计算公式为(中国石油天然气集团公司,2007):

$$年折旧费 = 固定资产原值 \times 年产气量/总产气量$$

2. 管理费用估算

管理费用是指企业为管理和组织经营活动所发生的各项费用,主要包括企业管理部门人员费用、企业经费、劳动保险费、残疾人就业保障金、董事会费、咨询费、聘请中介机构费、研究与开发费、管理系统折旧费、公司管理固定资产修理费、无形资产和其他资产摊销费、业务招待费、损失或坏账准备等项目。进行估算时一般都是对这些费用进行分类估算,估算值按营业收入的一定比例计算得出,可计算生产期内总费用,也可分年计算管理费用。

3. 财务费用估算

财务费用是指项目筹集资金在运营期间所发生的各项费用,针对页岩气开发项目的特点,为简化计算,在评价中不计算其他财务费用,仅考虑运营期间发生的利息支出,包括长期借款利息(建设期借款运营尚未还清的本息应视为长期借款,在运营期各年内均要计息)、流动资金借款利息、短期借款利息。

（1）长期借款假定还款发生在年末，有三种计算利息的方法可供选择：

①大能力还款法，即当前还本额不大于可供偿还借款的资金来源时：

$$长期借款利息 = 年初长期借款余额 \times 年利率$$

其中　　　　　本年年初长期借款余额 = 上年年初长期借款余额 - 上年还本额

②等额还本、利息照付法，即偿还期内每年偿还的本金额是相等的，利息将随本金逐年偿还而减少。其利息计算公式如下：

$$第\ t\ 年应支付利息 = I_c \times \left(1 - \frac{t-1}{n}\right) \times i$$

$$每年偿还本金 = \frac{I_c}{n}$$

式中　I_c——建设期末油气资产借款余额（含未支付的建设期利息）；

　　　i——年利率；

　　　n——贷款方要求的借款偿还年数（由还款年开始计）。

③等额偿还本金和利息法，即偿还期内每年偿还的本金与利息之和相等，但还本付息额中的本金和利息逐年不等，偿还的本金部分将逐年增多，支付的利息部分将逐年减少。其计算公式如下：

$$A = I_c \times \frac{i(1+i)^n}{(1+i)^n - 1}$$

$$当年支付的利息 = 年初借款余额 \times 年利率$$
$$当年偿还的本金 = A - 当年支付的利息$$

式中　A——每年的还本付息额。

（2）流动资金借款利息的计算公式为：

$$流动资金借款利息 = 流动资金借款余额 \times 年利率$$

（3）短期借款利息的计算与流动资金借款利息相同。

4. 营业费用估算

营业费用估算按营业收入的5%计算。

6.3.2　区块开发营业收入、营业税金及附加与利润估算

1. 营业收入估算

营业收入是指矿区从事页岩气生产销售经营活动所取得的收入。其计算公式如下：

$$年页岩气销售收入 = 年页岩气产量 \times 年页岩气商品率 \times 年页岩气售价$$

2. 营业税金及附加估算

页岩气区块开发需要缴纳的营业税金及附加有增值税、城市建设维护税、教育费附加和资

源税四项。需要特别强调的是作为流转税的增值税,虽然其本身并不影响项目的财务现金流量和利润的计算,但因为它是城市建设维护税和教育费附加的计算基础,因此,增值税的计算却又是必需的(中华人民共和国增值税暂行条例,2009)。

(1)增值税是以商品生产和劳务服务各个环节的增值因素为征收对象的一种流转税。按国家税法的最新规定,天然气(包括页岩气)开采的增值税税率为13%,以营业收入为计提对象,其计算公式如下:

$$增值税 = 销项税 - 进项税$$

其中
$$销项税 = 营业收入 \times 增值税税率$$

$$进项税 = (外购材料费 + 外购燃料费 + 外购动力费) \times 增值税税率$$

(2)城市维护建设税是以缴纳的增值税为计税依据而缴纳的一种税,专项用于城市维护和建设。页岩气开发的城市建设维护税的计税依据为增值税的7%。其计算公式为:

$$城市维护建设税 = 增值税额 \times 税率$$

(3)教育费附加是对缴纳增值税的单位和个人征收的一种附加费,专项用于发展地方性教育事业。页岩气开发的教育费附加的计税依据为增值税的3%。其计算公式为:

$$教育费附加 = 增值税额 \times 费率$$

(4)资源税是油气资源型生产企业必须缴纳的一种税。页岩气开发的资源税的计税依据为其营业收入的1%。其计算公式为:

$$资源税 = 营业收入 \times 资源税税率$$

3.利润估算

页岩气区块开发需要估算的相关利润包括利润总额、所得税后利润。

$$利润总额 = 销售收入 - 销售税金及附加 - 总成本费用 + 补贴收入$$

其中,补贴收入为年产气量乘以页岩气补贴单价。

$$所得税后利润(可供分配利润) = 利润总额 - 所得税$$

其中,可供分配的利润包括提取盈余公积金、提取公益金、向投资者分配利润和未支配利润(用于还款等)。

所得税是企业或项目就其生产经营所得而征收的一种税,其计算公式如下:

$$应纳所得税额 = 应纳税所得额 \times 税率$$

式中,应纳税所得额按下式计算:

$$应纳税所得额 = 利润总额 - 准予扣除项目金额$$

若项目出现某些年度亏损时,应纳所得税额计算公式则为:

$$应纳所得税额 = (应纳税所得额 - 用于弥补以前年度亏损) \times 税率$$

尤其强调的一点是,在项目融资前分析中的所得税为息前所得税,或称为调整所得税,以息税前利润为基础计算(中国石油天然气集团公司,2007)。

缴纳所得税后的利润除国家另有规定外,通常按照下列顺序分配:(1)被没收财产损失,支付各项税收的滞纳金和罚款;(2)弥补企业以前年度的亏损;(3)提取法定盈余公积金;(4)提取公益金;(5)向投资者分配利润。

6.4 目标区块开发财务可行性分析

目标区块开发的财务可行性分析是对项目进行系统经济评价的又一重要内容,包括盈利能力分析、偿债能力分析、财务生存能力分析三部分。对页岩气开发作财务可行性分析按《建设项目经济评价方法与参数(第三版)》和石油行业规定的相应评价方法体系进行。其评价原则一般遵循"费用和效益对应一致"原则,以及"系统的整体效益评价"原则。评价依据一般有:(1)国家发展改革委员会、建设部印发的《建设项目经济评价方法与参数(第三版)》(发改投资〔2006〕1325 号);(2)《中国石油天然气集团公司投资项目经济评价方法》(中油计〔2017〕22 号);(3)《中国石油天然气集团公司投资项目经济评价参数(2019)》(中油计〔2019〕54 号);(4)国家、行业其他有关规定。

6.4.1 区块开发的盈利能力分析

区块开发的盈利能力分析是指通过计算项目的投资财务内部收益率和财务净现值、项目资本金财务内部收益率、投资回收期、总投资收益率、资本金净利润率等指标,并与相应标准进行比较,从而据此分析判断项目的盈利能力。

区块开发盈利能力各指标的含义、计算公式、评判标准介绍如下:

1. 财务内部收益率(FIRR)

区块开发的财务内部收益率指能使项目计算期内各年的净现金流量现值累计等于零时的折现率,它反映项目所占用资金的盈利率,是反映项目盈利能力的主要动态评价指标。其计算公式为:

$$\sum_{t=0}^{n} (CI - CO)_t (1 + FIRR)^{-t} = 0$$

式中　FIRR——财务内部收益率;

　　　CI——现金流入量;

　　　CO——现金流出量;

　　　$(CI - CO)_t$——第 t 年的净现金流量;

　　　n——项目计算期(或分析期)。

当财务内部收益率大于或等于基准收益率(i_c)时,项目在财务上可考虑接受;而当财务内部收益率小于基准收益率(i_c)时,项目在财务上则不能接受。

2. 财务净现值(FNPV)

区块开发的财务净现值是指按设定的折现率(一般采用基准收益率 i_c)计算的项目计算期内净现金流量的现值之和,它是考察项目在计算期内盈利能力的动态评价指标。其计算公式为:

$$\text{FNPV} = \sum_{t=0}^{n} (\text{CI} - \text{CO})_t (1 + i_c)^{-t}$$

式中 i_c——设定的折现率(同基准收益率)。

若在设定的折现率下的财务净现值大于或等于零(即 FNPV≥0),表明区块开发在财务上是可以接受的;反之,若 FNPV<0,则说明项目的盈利能力没有达到要求,财务上不能接受。

3. 投资回收期(P_t 和 P_t')

项目开发的投资回收期是指以项目的净收益回收项目投资所需要的时间,一般以年为单位,从项目建设年开始算起。项目投资回收期是考察项目在财务上回收投资能力的主要指标,一般包括静态投资回收期和动态投资回收期。

(1)静态投资回收期的计算公式为:

$$\sum_{t=0}^{P_t} (\text{CI} - \text{CO})_t = 0$$

式中 P_t——静态投资回收期;

CI——第 t 年现金流入;

CO——第 t 年现金流出;

$(\text{CI} - \text{CO})_t$——第 t 年的净现金流量。

通常项目投资财务现金流量表中累计净现金流量由负值变为零时的时点,即为项目的投资回收期,因此,静态投资回收期应按下式计算:

$$P_t = T - 1 + \frac{\text{第}(T-1)\text{年的累计净现金流量的绝对值}}{\text{第 } T \text{ 年的净现金流量}}$$

式中 T——各年累计净现金流量首次为正值或零的年数。

(2)动态投资回收期的计算公式为:

$$\sum_{t=0}^{P_t'} (\text{CI} - \text{CO})_t (1 + i_c)^{-t} = 0$$

式中 P_t'——动态投资回收期。

投资回收期越小,表明区块开发投资回收越快,抗风险能力越强。如果区块开发的投资回收期小于或等于行业规定的标准投资回收期,则认为该项目是可以接受的;反之,如果区块开发的投资回收期大于行业规定的标准投资回收期,则认为该项目是不能接受的。

4. 总投资收益率(ROI)

区块开发的总投资收益率是指项目运营期内年平均息税前利润与项目总投资的比例,表示项目总投资的盈利水平,这是一个静态指标。其计算公式为:

$$\text{ROI} = \frac{\text{EBIT}}{\text{TI}} \times 100\%$$

式中 EBIT——运营期内年平均息税前利润;

TI——项目总投资。

若得出的总投资收益率高于投资方确定的参考值,表明项目用总投资收益率表示的盈利能力能够满足要求;反之,则不能满足要求。

5. 资本金净利润率(ROE)

区块开发的资本金净利润率是指项目运营期内年平均净利润与项目资本金投资的比率,表示项目资本金投资的盈利水平,这是一个静态指标。其计算公式如下:

$$ROE = \frac{NP}{EC} \times 100\%$$

式中　NP——项目运营期内年平均净利润;

　　　EC——项目资本金投资。

如果区块开发的资本金净利润率高于页岩气行业资本金净利润率的参考值,表明用资本金净利润率表示的盈利能力能够满足要求;反之,则不能满足要求。

6.4.2　区块开发的偿债能力分析

区块开发的偿债能力分析是指通过计算项目的利息备付率(ICR)、偿债备付率(DSCR)和资产负债率(LOAR)等指标,并与相应标准进行比较,从而据此分析判断项目的偿债能力。

页岩气目标区块开发偿债能力各指标的含义、计算公式、评判标准介绍如下:

1. 利息备付率(ICR)

利息备付率是指项目在借款偿还期内的息税前利润与应付利息的比值,它从付息资金来源的充裕性角度反映项目偿付债务利息的保障程度和支付能力,这是一个静态指标。其计算公式为:

$$ICR = \frac{EBIT}{PI}$$

式中　EBIT——息税前利润;

　　　PI——计入总成本费用的应付利息。

利息备付率高,表明利息偿付的保证度大,风险小。利息备付率一般应大于1%,或结合银行等债权人的要求来判定。

2. 偿债备付率(DSCR)

偿债备付率是指项目在借款偿还期内可用于还本付息的资金与应还本付息金额的比值,表示可用于还本付息的资金偿还借款本息的保证程度,这是一个静态指标。其计算公式如下:

$$DSCR = \frac{EBITDA - TAX}{PD}$$

式中　EBITDA——息税前利润加折耗和折旧;

　　　TAX——所得税;

　　　PD——应还本付息金额,包括还本金额及计入总成本费用的应付利息。

偿债备付率高,表明可用于还本付息的资金保障程度高。偿债备付率应大于1%,并结合银行等债权人的要求确定。

3. 资产负债率(LOAR)

资产负债率是指项目年末负债总额与资产总额的比率,是反映项目各年所面临的财务风险和偿债能力的一个重要静态指标,可以衡量项目利用银行等债权人的资金进行经营活动的能力,也可以反映银行等债权人发放贷款的安全程度。其计算公式如下:

$$LOAR = \frac{TL}{TA} \times 100\%$$

式中　TL——年末负债总额;

　　　TA——年末资产总额。

适度的资产负债率表明项目经营安全、稳健,具有较强的筹资能力,也表明项目投资方和银行等债权人的风险较小。对该指标的分析,应结合国家宏观经济状况、行业发展趋势、股份公司融资模式等具体条件判定,一般要求项目的资产负债率应不高于50%。

6.4.3　区块开发的财务生存能力分析

区块开发的财务生存能力分析是指通过考察项目计算期内各年的投资活动、融资活动和经营活动所产生的各项现金流入和流出,计算其年净现金流量(CF_t)和累计盈余资金($\sum\limits_{t=0}^{t} CF_t$),分析是否有足够的净现金流量来维持项目的正常运营,以便能够实现项目的财务可持续性(贺娟萍,2014)。

区块开发的财务生存能力各指标的含义、计算公式、评判标准介绍如下:

1. 年净现金流量(CF_t)

年净现金流量是指项目各年内的现金流入与现金流出之差额。这是一个静态指标,可以衡量项目的财务可持续性。区块开发财务生存能力应体现为有足够大的经营活动净现金流量,一般应为正数为好。其计算公式如下:

$$CF_t = (CI - CO)_t$$

式中　CF_t——项目第t年的年净现金流量;

　　　$(CI - CO)_t$——项目第t年的年现金流入与现金流出之差。

2. 累计盈余资金($\sum\limits_{t=0}^{t} CF_t$)

区块开发的累计到t年末的盈余资金是指项目从0年开始到第t年末为止的净现金流量累计之和。这是一个静态指标,可以衡量项目的财务可持续性。区块开发财务生存能力应体现为有足够大的经营活动净现金流量,一般情况下,项目各年末累计盈余资金不应出现负值为好。其计算公式如下:

$$累计到t年末的盈余资金 = \sum\limits_{t=0}^{t} CF_t$$

式中　CF_t——项目第t年的年净现金流量。

6.5　目标区块开发不确定性分析

对投资项目进行经济评价分析时,一般都要假定项目所处的技术条件、经济条件、社会环境是已知的、确定不变的,因而项目的各项影响因素都能预先准确地确定。但实际上,项目的各种影响因素总是不断地发生变化,决策者对未来项目的各种影响因素无法准确地确定,其基础数据只能依靠经济预测或经验估算,不可避免地会有误差甚至失误(王雅春,2007)。因此,对影响页岩气目标区块开发经济效益的各个不确定性因素,需要作进一步的不确定性分析。

通常对投资开发项目进行不确定性分析时主要是对其进行盈亏平衡分析与单因素敏感性分析。

6.5.1　区块开发盈亏平衡分析

盈亏平衡分析是通过分析产品销量、成本等项目盈利能力的关系,找出投资项目盈利与亏损在销量、价格、成本、生产能力利用率等方面的界限,从而确定在经营条件发生变化时项目相应的风险承受能力。

根据页岩气开发特点,选择以生产能力利用率(BEP)计算其正常运营年盈亏平衡点。

$$生产能力利用率 = \frac{年均总固定成本}{(年均总收入 - 年均总可变成本 - 年均营业税金及附加) \times 0.95} \times 100\%$$

在计算出 BEP 值后,结合前述各种取值参数,可进一步计算出区块开发盈亏平衡年均总收入和盈亏平衡年均产气量,将盈亏平衡年均产气量与设计年均产气量相比较,就能直观地判断项目是否具有一定的抗风险能力。

6.5.2　区块开发敏感性分析

敏感性分析是通过分析不确定性因素发生增减变化时,对财务或经济指标的影响,通常只进行单因素敏感性分析。在对页岩气区块开发作敏感性分析时,以调整所得税后的财务内部收益率作为因变量,以项目建设投资、产品价格、经营成本作为自变量,可以实现对页岩气区块开发进行三个单因素敏感性分析。通过分析可以知道财务内部收益率对各个因素变化的敏感度。

第7章
页岩气开发经济评价实例应用

为了便于方法的推广,现以重庆某区块开发为对象作一个经济评价的具体应用。

由于待开发的重庆某区块未进入生产阶段,因而在分析某区块的构造特征时,将位于该区块的 A 井区与黔页 1 井作对比并参考其产量数据。黔页 1 井为直井压裂及排采,于 2011 年 10 月 24 日开钻,11 月 22 日完钻,完井深度 880m,遇钻目的层厚度 76m。

黔页 1 井测井解释获得的页岩储层共 3 层,总厚度约 75m,但优质储层仅 3 号储层(五峰组—龙马溪组底部层段),厚 9.8m。优质储层厚度偏小制约了气井产量。同时,虽然没有进行地层压力测试,但预计地层压力系数小于 $1.0g/cm^3$,加上地层较浅,地层流体压力偏低,地层能量低。

2012 年 8 月 20 日—8 月 25 日进行了生产测井(表 7.1),三个层的产量贡献不相等,表明三个产层压后并没有连通,水力压裂可能形成了水平缝。测试压裂分析表明第 3 号储层的垂向地应力 21MPa 与闭合压力 $p_s = 20MPa \pm 1MPa$ 相近,垂向应力为最小主应力。同时,黔页 1 井的测井成像显示出储层 DIF 井壁钻井诱导裂缝异常发育,表明水平应力很强。因此,意味着该区块的储层采用常规的水力压裂技术恐难以达到体积改造的效果。

黔页 1 井目的层段直井压裂后的初测页岩气气流瞬时流量达 308m³/h,压裂后日产量初期为 2500m³,在试采过程中,792～801.8m 井段五峰组—龙马溪组页岩平均日产气量稳定在约 1400m³,最高日产气量接近 3000m³,生产 3 个月后,日产量降低至 1000m³。数值模拟表明,生产 1 年后,日产量较低,基本稳定在 500m³ 左右(单阳威,2014)。

表 7.1 黔页 1 井生产测试结果

序号	射孔井(m)	管子常数(m³/d)	流温(℃)	流压(MPa)	视流体速度(m/min)	相对产气量(%)
1	730	8.15	41.1	0.88	7.74	1
2	748	8.15	42.1	1.04	7.67	25.5
3	794	8.15	43	1.41	5.7	73.5

若将黔页 1 井折算为 1000m 水平井压裂投产,一共压裂 10 段,则可以获得 14000～30000m³/d 之间的稳定产量。

7.1 井网部署及实施方案

对比黔页 1 井区和重庆某区块 A 井区页岩气基本特征(表7.2),发现前者较后者埋深浅、优质页岩厚度小、孔隙度大、储量丰度小,其余参数两者基本一致,因此,两者间可以类比。分别选择初产14000m³/d、18000m³/d、20000m³/d、22000m³/d、26000m³/d、30000m³/d,以初产稳定生产一年,然后以60%递减再稳定生产一年,之后按调和递减规律生产30年,按上述方案获得的生产动态数据见表7.3所示,生产动态图版见图7.1。上述数据和图版形成了A井区井网部署的依据。

表7.2　A井区与美国Barnett页岩、焦石坝页岩、黔页1井区主要评价参数对比

区块	得克萨斯中东部 Barnett页岩气藏	焦石坝	黔页1井区	A井区
埋深(m)	1646~2926	2200~2700	700~1200	1500~3200/2200
优质页岩厚度(m)	30~182	38~44	10~12	19~38
黏土含量(%)	31~50	17~35	20~35	22~28
脆性矿物含量(%)	30~50	56~83	50~70	56~68
孔隙度(%)	4~5	2.5~7.1	3.4~5.6	2.4~2.6
有机质丰度TOC(%)	2.0~7.0	2~6	2.2~4.4	2.3~2.4
含气量(m³/t)	8.49~9.9	4.74~5.69	0.91~2.81	2.49~2.51
压力系数	1.17	1.35~1.45	<1.0	0.98
地层压力(MPa)	27	31~38	—	17
地质储量丰度($10^8 m^3/km^2$)	21.24~56.63	7~14	1.12~1.20	1.23~2.05
采收率(%)估计	25~50	25~30	15~25	10~20

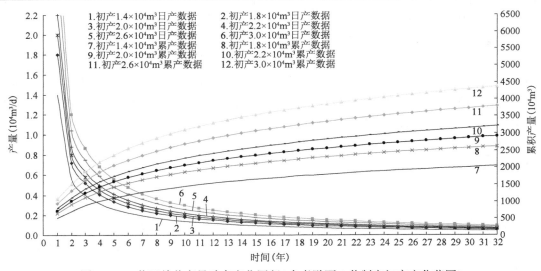

图7.1　A井区单井产量动态变化图版(参考黔页1井制定初产变化范围)

按照重庆地区页岩气单价3.14元/m³(气价2.84元/m³,加上0.3元/m³的补贴),绘制每种初产投产32年(稳产2年,生产30年)获得的营收随时间的变化数据见表7.4,营收随时间的变化图版见图7.2。若扣除0.44元/m³的操作成本,按2.7元/m³折算产气营收绘制每种初产投产32年(稳产2年,生产30年)获得的营收随时间的变化数据见表7.5,营收随时间的变化图版如图7.3所示。

表 7.3 A井区单井产量动态变化数据(参考黔页1井制定初产变化范围)

单位:10⁴ m³

时间(年)	以初期日产量为1.4×10⁴m³,稳产一年;然后按60%递减调和递减方式自然递减		以初期日产量为1.8×10⁴m³,稳产一年;然后按60%递减调和递减方式自然递减		以初期日产量为2.0×10⁴m³,稳产一年;然后按60%递减调和递减方式自然递减		以初期日产量为2.2×10⁴m³,稳产一年;然后按60%递减调和递减方式自然递减		以初期日产量为2.6×10⁴m³,稳产一年;然后按60%递减调和递减方式自然递减		以初期日产量为3×10⁴m³,稳产一年;然后按60%递减调和递减方式自然递减	
	日产量 q	累积产量 Q	日产量 q	累积产量 Q	日产量 q	累积产量 Q	日产量 q	累积产量 Q	日产量 q	累积产量 Q	日产量 q	累积产量 Q
1	1.40	504.00	1.80	648.00	2.00	720.00	2.20	792.00	2.60	936.00	3.00	1080.00
2	0.56	705.60	0.72	907.20	0.80	1008.00	0.88	1108.80	1.04	1310.40	1.20	1512.00
3	0.40	875.66	0.52	1125.84	0.58	1250.94	0.64	1376.03	0.75	1626.22	0.87	1876.40
4	0.32	1004.40	0.41	1291.37	0.45	1434.85	0.50	1578.34	0.59	1865.31	0.68	2152.28
5	0.26	1108.03	0.34	1424.60	0.37	1582.89	0.41	1741.18	0.49	2057.76	0.56	2374.34
6	0.22	1194.76	0.29	1536.12	0.32	1706.80	0.35	1877.48	0.41	2218.83	0.48	2560.19
7	0.19	1269.34	0.25	1632.01	0.28	1813.34	0.30	1994.67	0.36	2357.34	0.41	2720.01
8	0.17	1334.76	0.22	1716.12	0.24	1906.80	0.27	2097.47	0.32	2478.83	0.37	2860.19
9	0.15	1393.02	0.20	1791.03	0.22	1990.03	0.24	2189.03	0.28	2587.04	0.33	2985.05
10	0.14	1445.54	0.18	1858.56	0.20	2065.06	0.22	2271.57	0.26	2684.58	0.30	3097.59
11	0.13	1493.35	0.16	1920.02	0.18	2133.36	0.20	2346.70	0.24	2773.37	0.27	3200.04
12	0.12	1537.23	0.15	1976.43	0.17	2196.04	0.18	2415.64	0.22	2854.85	0.25	3294.06
13	0.11	1577.76	0.14	2028.55	0.15	2253.95	0.17	2479.34	0.20	2930.13	0.23	3380.92
14	0.10	1615.44	0.13	2076.99	0.14	2307.77	0.16	2538.55	0.19	3000.10	0.22	3461.65
15	0.09	1650.62	0.12	2122.23	0.14	2358.04	0.15	2593.84	0.18	3065.45	0.20	3537.05
16	0.09	1683.63	0.11	2164.67	0.13	2405.19	0.14	2645.71	0.17	3126.75	0.19	3607.78

时间(年)	以初期日产量为 1.4×10⁴m³，稳产一年；然后按60%递减后稳产一年；之后按调和递减方式自然递减		以初期日产量为 1.8×10⁴m³，稳产一年；然后按60%递减后稳产一年；之后按调和递减方式自然递减		以初期日产量为 2.0×10⁴m³，稳产一年；然后按60%递减后稳产一年；之后按调和递减方式自然递减		以初期日产量为 2.2×10⁴m³，稳产一年；然后按60%递减后稳产一年；之后按调和递减方式自然递减		以初期日产量为 2.6×10⁴m³，稳产一年；然后按60%递减后稳产一年；之后按调和递减方式自然递减		以初期日产量为 3×10⁴m³，稳产一年；然后按60%递减后稳产一年；之后按调和递减方式自然递减	
	日产量 q	累积产量 Q	日产量 q	累积产量 Q	日产量 q	累积产量 Q	日产量 q	累积产量 Q	日产量 q	累积产量 Q	日产量 q	累积产量 Q
17	0.08	1714.72	0.11	2204.64	0.12	2449.60	0.13	2694.55	0.16	3184.47	0.18	3674.39
18	0.08	1744.09	0.10	2242.40	0.11	2491.55	0.12	2740.71	0.15	3239.02	0.17	3737.33
19	0.08	1771.93	0.10	2278.19	0.11	2531.32	0.12	2784.46	0.14	3290.72	0.16	3796.98
20	0.07	1798.38	0.09	2312.21	0.10	2569.12	0.11	2826.03	0.13	3339.85	0.15	3853.68
21	0.07	1823.59	0.09	2344.61	0.10	2605.13	0.11	2865.64	0.13	3386.67	0.15	3907.69
22	0.07	1847.66	0.08	2375.56	0.09	2639.51	0.10	2903.46	0.12	3431.36	0.14	3959.27
23	0.06	1870.69	0.08	2405.17	0.09	2672.41	0.10	2939.65	0.12	3474.13	0.13	4008.61
24	0.06	1892.76	0.08	2433.55	0.09	2703.95	0.09	2974.34	0.11	3515.13	0.13	4055.92
25	0.06	1913.96	0.07	2460.81	0.08	2734.23	0.09	3007.65	0.11	3554.50	0.12	4101.34
26	0.06	1934.35	0.07	2487.02	0.08	2763.35	0.09	3039.69	0.10	3592.36	0.12	4145.03
27	0.05	1953.99	0.07	2512.27	0.08	2791.41	0.08	3070.55	0.10	3628.83	0.11	4187.11
28	0.05	1972.92	0.07	2536.62	0.07	2818.46	0.08	3100.31	0.10	3664.00	0.11	4227.70
29	0.05	1991.21	0.06	2560.13	0.07	2844.59	0.08	3129.05	0.09	3697.97	0.11	4266.89
30	0.05	2008.90	0.06	2582.87	0.07	2869.85	0.08	3156.84	0.09	3730.81	0.10	4304.78
31	0.05	2026.01	0.06	2604.88	0.07	2894.31	0.07	3183.74	0.09	3762.60	0.10	4341.46
32	0.05	2042.60	0.06	2626.20	0.06	2918.00	0.07	3209.80	0.08	3793.40	0.10	4377.00

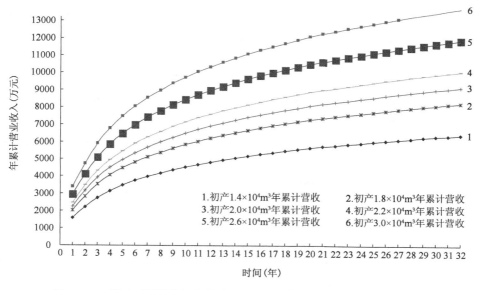

图 7.2　A 井区不同单井初产营收(3.14 元/m³)随时间的累计变化图版

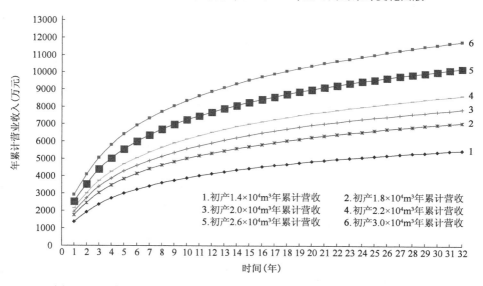

图 7.3　A 井区不同单井初产营收(2.70 元/m³)随时间的累计变化图版

表 7.4　A 井区不同单井初产营收随时间的累计变化(按 3.14 元/m³ 折算)　　　单位:万元

时间(年)	$1.4 \times 10^4 m^3$	$1.8 \times 10^4 m^3$	$2.0 \times 10^4 m^3$	$2.2 \times 10^4 m^3$	$2.6 \times 10^4 m^3$	$3.0 \times 10^4 m^3$
1	1582.5600	2034.7200	2260.8000	2486.8800	2939.0400	3391.2000
2	2215.5840	2848.6080	3165.1200	3481.6320	4114.6560	4747.6800
3	2749.5570	3535.1447	3927.9385	4320.7324	5106.3201	5891.9078
4	3153.8053	4054.8925	4505.4361	4955.9797	5857.0670	6758.1542
5	3479.1992	4473.2561	4970.2846	5467.3130	6461.3699	7455.4268

时间(年)	$1.4 \times 10^4 \mathrm{m}^3$	$1.8 \times 10^4 \mathrm{m}^3$	$2.0 \times 10^4 \mathrm{m}^3$	$2.2 \times 10^4 \mathrm{m}^3$	$2.6 \times 10^4 \mathrm{m}^3$	$3.0 \times 10^4 \mathrm{m}^3$
6	3751.5373	4823.4051	5359.3390	5895.2729	6967.1407	8039.0085
7	3985.7199	5124.4970	5693.8856	6263.2741	7402.0512	8540.8283
8	4191.1363	5388.6038	5987.3376	6586.0713	7783.5389	8981.0064
9	4374.0868	5623.8258	6248.6954	6873.5649	8123.3040	9373.0431
10	4539.0045	5835.8629	6484.2921	7132.7213	8429.5797	9726.4381
11	4689.1275	6028.8782	6698.7536	7368.6289	8708.3796	10048.1303
12	4826.8931	6206.0054	6895.5616	7585.1178	8964.2301	10343.3424
13	4954.1819	6369.6625	7077.4028	7785.1431	9200.6236	10616.1042
14	5072.4754	6521.7541	7246.3935	7971.0328	9420.3115	10869.5902
15	5182.9615	6663.8076	7404.2307	8144.6538	9625.4999	11106.3461
16	5286.6072	6797.0664	7552.2960	8307.5256	9817.9848	11328.4440
17	5384.2104	6922.5562	7691.7292	8460.9021	9999.2479	11537.5937
18	5476.4370	7041.1333	7823.4814	8605.8296	10170.5259	11735.2221
19	5563.8485	7153.5196	7948.3551	8743.1906	10332.8616	11922.5326
20	5646.9230	7260.3295	8067.0328	8873.7361	10487.1427	12100.5492
21	5726.0704	7362.0905	8180.1006	8998.1106	10634.1307	12270.1509
22	5801.6454	7459.2584	8288.0648	9116.8713	10774.4843	12432.0973
23	5873.9566	7552.2299	8391.3665	9230.5032	10908.7765	12587.0498
24	5943.2742	7641.3526	8490.3917	9339.4309	11037.5093	12735.5876
25	6009.8363	7726.9324	8585.4805	9444.0285	11161.1246	12878.2207
26	6073.8537	7809.2404	8676.9338	9544.6272	11280.0140	13015.4007
27	6135.5137	7888.5176	8765.0195	9641.5215	11394.5254	13147.5293
28	6194.9838	7964.9791	8849.9768	9734.9745	11504.9699	13274.9652
29	6252.4142	8038.8183	8932.0203	9825.2224	11611.6264	13398.0305
30	6307.9403	8110.2090	9011.3433	9912.4776	11714.7463	13517.0150
31	6361.6843	8179.3084	9088.1204	9996.9324	11814.5565	13632.1806
32	6413.7570	8246.2590	9162.5099	10078.7609	11911.2629	13743.7649

表7.5　A井区不同单井初产营收随时间的累计变化（按2.7元/m³折算）　　　　单位:万元

时间(年)	$1.4 \times 10^4 \mathrm{m}^3$	$1.8 \times 10^4 \mathrm{m}^3$	$2.0 \times 10^4 \mathrm{m}^3$	$2.2 \times 10^4 \mathrm{m}^3$	$2.6 \times 10^4 \mathrm{m}^3$	$3.0 \times 10^4 \mathrm{m}^3$
1	1360.8000	1749.6000	1944.0000	2138.4000	2527.2000	2916.0000
2	1905.1200	2449.4400	2721.6000	2993.7600	3538.0800	4082.4000
3	2364.2687	3039.7741	3377.5268	3715.2795	4390.7848	5066.2902
4	2711.8708	3486.6910	3874.1011	4261.5112	5036.3315	5811.1517
5	2991.6681	3846.4304	4273.8116	4701.1927	5555.9550	6410.7173

时间（年）	$1.4 \times 10^4 \, m^3$	$1.8 \times 10^4 \, m^3$	$2.0 \times 10^4 \, m^3$	$2.2 \times 10^4 \, m^3$	$2.6 \times 10^4 \, m^3$	$3.0 \times 10^4 \, m^3$
6	3225.8442	4147.5139	4608.3488	5069.1837	5990.8535	6912.5232
7	3427.2114	4406.4146	4896.0162	5385.6179	6364.8211	7344.0244
8	3603.8433	4633.5128	5148.3476	5663.1824	6692.8519	7722.5214
9	3761.1574	4835.7738	5373.0820	5910.3902	6985.0066	8059.6230
10	3902.9656	5018.0987	5575.6652	6133.2317	7248.3647	8363.4978
11	4032.0523	5184.0672	5760.0747	6336.0822	7488.0971	8640.1121
12	4150.5132	5336.3741	5929.3046	6522.2350	7708.0959	8893.9568
13	4259.9654	5477.0983	6085.6648	6694.2313	7911.3643	9128.4972
14	4361.6827	5607.8778	6230.9753	6854.0728	8100.2679	9346.4629
15	4456.6866	5730.0257	6366.6952	7003.3647	8276.7038	9550.0428
16	4545.8087	5844.6112	6494.0125	7143.4137	8442.2162	9741.0187
17	4629.7351	5952.5165	6613.9072	7275.2980	8598.0794	9920.8608
18	4709.0382	6054.4777	6727.1974	7399.9171	8745.3566	10090.7961
19	4784.2010	6151.1155	6834.5728	7518.0301	8884.9447	10251.8592
20	4855.6344	6242.9585	6936.6206	7630.2826	9017.6067	10404.9309
21	4923.6911	6330.4600	7033.8444	7737.2289	9143.9978	10550.7667
22	4988.6760	6414.0120	7126.6800	7839.3480	9264.6840	10690.0199
23	5050.8544	6493.9556	7215.5063	7937.0569	9380.1581	10823.2594
24	5110.4587	6570.5898	7300.6553	8030.7208	9490.8519	10950.9830
25	5167.6937	6644.1776	7382.4195	8120.6615	9597.1454	11073.6293
26	5222.7404	6714.9520	7461.0578	8207.1635	9699.3751	11191.5866
27	5275.7602	6783.1202	7536.8002	8290.4803	9797.8403	11305.2004
28	5326.8969	6848.8674	7609.8527	8370.8380	9892.8085	11414.7790
29	5376.2798	6912.3597	7680.3997	8448.4396	9984.5195	11520.5995
30	5424.0251	6973.7466	7748.6073	8523.4680	10073.1895	11622.9110
31	5470.2381	7033.1632	7814.6258	8596.0884	10159.0136	11721.9387
32	5515.0139	7090.7322	7878.5914	8666.4505	10242.1688	11817.8870

参照国内外页岩气井网部署经验，制定 A 井区井网部署及实施原则如下：

（1）由于重庆某区块尚处于勘探阶段，没有可以参考的生产动态资料，有关单井配产的依据主要参考特征类似的黔页 1 井。

（2）单井初产按实际井位处的储量丰度、埋深和压力系数等综合确定，递减规律选用调和递减。

（3）单井建井时间按 2 年计。

（4）按照北美地区页岩气单井产量早期快速递减，中后期递减大幅减缓的特点，为了尽快收回投资,考虑单井投产第一年以初产稳定生产,第二年以递减60%以后稳定生产,之后按自然递减规律生产30年(刘玉婷,2012)。

(5)综合考虑重庆某块的实际情况,选定A井埋深大于1500m的页岩气甜点区域开展井网部署及后续的经济评价。

(6)分别考虑初产26000m³/d和30000m³/d的布井方式。

依据上述原则,在A井区的井位部署方案见表7.6。

表7.6　A井区井位部署方案

项目		方案内容
A井区优质页岩气目标层位		龙马溪组
A井区优质页岩气埋深范围(m)		1500～2800
A井区优质页岩气构造位置		向斜
A井区优质页岩气地貌特征		山地
含气面积(km²)		80.92
地质储量(10^8 m³)		123.67
平均地质储量丰度(10^8 m³/km²)		1.6
可采储量(15%采收率,10^8 m³)		18.55
建产期		2年
稳产期		第一年初产稳产、第二年递减60%后稳产
递减生产		30年
初产26000m³/d	单井初产(10^4 m³)	2.6
	部署井数(口)	48
	34年末累积产量(10^4 m³)	182083.00
初产30000m³/d	单井初产(10^4 m³)	3.0
	部署井数(口)	42
	34年末累积产量(10^4 m³)	183833.80

A井区页岩气分别按初产26000m³/d和30000m³/d的布井方式的分年度开发指标估算结果见表7.7和表7.8。

考虑到A井区的储量丰度较低,初产宜就低的原则,建议选取2.6×10^4 m³/d的单井初产为优先单井配产方案,后续的经济评价就在此配产方案基础上进行。

表7.7　A井区按初产26000m³/d投产的开发指标统计

时间(年)	以2.6×10^4 m³为初期产量部署井数(口)	总投产井数(口)	2.6×10^4 m³初产的年产量(10^4 m³)	2.6×10^4 m³初产的累积产量(10^4 m³)
1	48	0	0	0
2	48	0	0	0
3	48	48	44928.00	44928.00

时间 （年）	以 $2.6 \times 10^4 m^3$ 为初期产量 部署井数（口）	总投产井数 （口）	$2.6 \times 10^4 m^3$ 初产的年产量 （ $10^4 m^3$ ）	$2.6 \times 10^4 m^3$ 初产的累积产量 （ $10^4 m^3$ ）
4	48	48	17971.20	62899.20
5	48	48	15159.20	78058.40
6	48	48	11476.39	89534.78
7	48	48	9237.75	98772.53
8	48	48	7731.53	106504.06
9	48	48	6648.31	113152.38
10	48	48	5831.66	118984.03
11	48	48	5193.86	124177.90
12	48	48	4681.92	128859.82
13	48	48	4261.91	133121.73
14	48	48	3911.09	137032.82
15	48	48	3613.66	140646.48
16	48	48	3358.29	144004.76
17	48	48	3136.64	147141.40
18	48	48	2942.44	150083.84
19	48	48	2770.90	152854.74
20	48	48	2618.26	155473.01
21	48	48	2481.57	157954.57
22	48	48	2358.44	160313.01
23	48	48	2246.95	162559.96
24	48	48	2145.53	164705.49
25	48	48	2052.87	166758.37
26	48	48	1967.89	168726.26
27	48	48	1889.66	170615.92
28	48	48	1817.42	172433.33
29	48	48	1750.49	174183.83
30	48	48	1688.32	175872.15
31	48	48	1630.42	177502.57
32	48	48	1576.35	179078.92
33	48	48	1525.76	180604.69
34	48	48	1478.31	182083.00
合计	48	48	182083.00	182083.00

表 7.8　A 井区按初产 $3 \times 10^4 \mathrm{m}^3 / \mathrm{d}$ 投产的开发指标统计

时间 （年）	以 $3 \times 10^4 \mathrm{m}^3$ 为初期 产量部署井数（口）	总投产井数 （口）	$3 \times 10^4 \mathrm{m}^3$ 初产的年产量 （$10^4 \mathrm{m}^3$）	$3 \times 10^4 \mathrm{m}^3$ 初产的累积产量 （$10^4 \mathrm{m}^3$）
1	42	0	0	0
2	42	0	0	0
3	42	42	45360.00	45360.00
4	42	42	18144.00	63504.00
5	42	42	15304.96	78808.96
6	42	42	11586.73	90395.69
7	42	42	9326.58	99722.27
8	42	42	7805.87	107528.14
9	42	42	6712.24	114240.38
10	42	42	5887.73	120128.11
11	42	42	5243.80	125371.91
12	42	42	4726.94	130098.85
13	42	42	4302.89	134401.74
14	42	42	3948.70	138350.44
15	42	42	3648.41	141998.85
16	42	42	3390.58	145389.42
17	42	42	3166.80	148556.22
18	42	42	2970.74	151526.96
19	42	42	2797.54	154324.50
20	42	42	2643.44	156967.94
21	42	42	2505.43	159473.37
22	42	42	2381.11	161854.48
23	42	42	2268.56	164123.04
24	42	42	2166.16	166289.20
25	42	42	2072.61	168361.81
26	42	42	1986.81	170348.62
27	42	42	1907.83	172256.46
28	42	42	1834.89	174091.35
29	42	42	1767.32	175858.67
30	42	42	1704.56	177563.23
31	42	42	1646.10	179209.33
32	42	42	1591.51	180800.84
33	42	42	1540.43	182341.27
34	42	42	1492.53	183833.80
合计	42	42	183833.80	183833.80

7.2 重庆某区块经济评价基础参数取值依据

进行经济评价时除了需要获取目标区块的产气量外,还需要单井开发成本、页岩气商业气价、页岩气经营操作成本等参数。基于目前重庆地区投入运营的页岩气项目仅有涪陵焦石坝一处,因此所取参数主要是在参照焦石坝的已有数据,借鉴四川长宁、威远页岩气开发情况,以及查阅相关资料的基础上得出。

7.2.1 页岩气单井开发工程投资

单井开发工程投资包括开发井投资、地面工程投资及公用工程投资。

1. 开发井投资

开发工程包括钻(完)井工程、压裂工程、试气工程,钻(完)井工程又包括钻前工程、钻井工程、录井工程、测井工程、固井工程、完井工程,开发井投资就包括所有这些环节的投资费用,目前国内页岩气开发都是实行总承包,在进行总承包时又都是按区块议价,各个区块的价格都不一样,因此,结合重庆地区的实际情况,参考相关资料和信息编制出重庆某区块的单井开发投资价格体系表,见表7.9。

表 7.9　页岩气开发工程价格体系

工程环节		成本估算	说明
钻(完)井工程	钻前工程	329 万元/井	结合开发区块地理状况以估算法进行测算
	钻井工程	9000 元/m	合计 1980 万元
	录井工程	6500 元/d	按 50d 算(32.5 万元)
	测井工程	325.5 万元/井	以国产 5700 系列 2200m 井深折算
	固井工程	365 万元/井	以井为单位按一开二开算综合价
	完井工程	75 万元/井	
压裂工程		2500 万/井	以 2200m 井深,1000m 水平段,压开 10 段,$1 \times 10^4 m^3$ 压裂液规模折算
排采试气工程		36000 元/d	按 180d 计算(648 万元)
钻后治理工程		245 万元/井	

表 7.9 中各部分价格编制依据主要有:(1)页岩气已开发区块资料借鉴:从涪陵焦石坝获取的数据看,焦石坝龙马溪最初的开发方案投资测算为开发一口平均井深 4284m,水平段长 1511m 的气井总成本为 9594 万元,其中钻前 219 万元、钻井 4278 万元、测井 135 万元、录井 186 万元、压裂及试气 4776 万元,之后经过不断的技术改进,在 2014 年年底,水平段 1500m 的水平井其综合建井成本已经降至 7000 万元以下;长宁 4300m 井深,水平段长 1400 ~ 1500m,钻井费用在 2000 万元 ~ 2100 万元,压裂费用在 2500 万左右,加上其他费用,单井费用在 7000 万

元左右(朱华等,2009)。结合重庆某区平均井深2200m,水平段1000m的情况,可通过比值取值的方法对应得出单井开发工程各个环节的价格。(2)《建设项目经济评价方法与参数(第三版)》。(3)《石油建设项目可行性研究投资估算编制规定》。(4)《中国石油天然气集团公司四川油气田钻井系统工程预算定额(试行)》。(5)《重庆市2008年市政与建筑定额》。(6)《中国石油天然气集团公司建设项目经济评价参数(2013年)》。(7)中国石油天然气总公司《石油建设工程其他费用规定》。

表7.9所示各项费用总和为6500万元,也即重庆某区块平均井深2200m的单井开发工程投资总成本为6500万元。

2. 地面工程投资

地面工程包括增压装置、集输系统、储运、油气处理、页岩气净化装置、采出水处理、给排水及消防、供电、自动控制、通信、道路及环境保护等工程,对该部分投资的测算采用单井地面建设投资扩大定额法。基于涪陵焦石坝页岩气开发的地面工程投资费用为开发工程总投资的4.6%,考虑可以通过借鉴已有的页岩气地面建设经验来节约开支降低成本,重庆某区块的地面工程建设投资比例拟取单井开发工程总投资的4.5%。

3. 公用工程投资

公用工程投资包括机修工程、后勤及辅助企业、矿区民用建设、其他非安装设备、综合利用工程、环保工程、计算机工程及其他工程等。基于该项目是对页岩气的勘探开发作经济评价,所以该部分投资在这里不考虑计入单井开发工程投资中。

7.2.2 页岩气价格

据重庆市物价局2014年8月3号发布的《重庆市物价局关于调整天然气销售价格的通知》(渝价〔2014〕253号)文件:(1)经城市燃气企业转供的公用管网工业用气和CNG原料气价格由2.54元/m³上调为2.84元/m³;(2)经城市燃气企业转供的专用管网工业用气价格由2.49元/m³上调为2.79元/m³;(3)经城市燃气企业转供的商业用气价格、集体用气价格由2.78元/m³上调为2.96元/m³。

由于页岩气的主要用途为工业用气,且目前页岩气的管输办法主要是经公用管网进行输送,因此本书作经济评价时的天然气价格取值为2.84元/m³。

7.2.3 页岩气价格补贴

根据财政部和国家能源局《关于出台页岩气开发利用补贴政策的通知》(财建〔2012〕847号、财建〔2015〕115号),明确中央财政对页岩气开采企业给予补贴,2012—2015年补贴标准为0.4元/m³,2016—2018年补贴标准为0.3元/m³,2019—2020年补贴标准为0.2元/m³。

由于项目有两年的建设期,可供销售的页岩气产出年最早也在2016年,因此选取2016—2018年的补贴标准,即0.3元/m³。

7.2.4 页岩气操作成本

生产成本包括操作成本和折耗及折旧。操作成本是指页岩气生产阶段对页岩气井进行作业、维护及相关设备设施生产运行而发生的费用,包括为上述井及相关设备设施的生产运行提供作业的人员费用,作业、修理和维护费用,以及物料消耗、财产保险、矿区维护管理发生的费用等。它直接影响到项目的投资收益、盈利水平、投资回收期等经济指标,因此,做经济评价时必须予以考虑。基于逐项逐日核实和计入这些费用既不现实也耗费人力物力,因此,在作经济评价时通常以年为计时单位,以每立方米页岩气为计量单位来计算页岩气的操作成本(赵乐强等,2002)。综合参考查阅的资料,采用设计成本法估算出页岩气的操作成本为 0.44 元/m³。

7.2.5 其他参数

(1)项目概况:项目寿命期为 2016—2049 年共 34 年,其中建设期为 2016—2017 年共 2 年,生产期为 2018—2049 年共 32 年。

(2)分年产气量:区块 32 年生产期内总共产气 $182083 \times 10^4 \mathrm{m}^3$,生产期内年均产气量为 $5690 \times 10^4 \mathrm{m}^3$。

(3)建设投资:单井钻井投资 6500 万元/口;折合单井集输 6500 万元×4.5%/口;总井数 48 口;为此重庆某区块开发建设投资为 326040 万元。

(4)贷款情况:重庆某区块开发建设投资的 55% 为自有资金(326040×0.55 = 179322 万元);45% 为长期贷款(326040×0.45 = 146718 万元),贷款年利率为 5%[查自《中国石油天然气集团公司建设项目经济评价参数(2008)》]。

(5)总投资情况:项目总投资为 334894 万元,其中,项目流动资金按其建设投资的 1% 计提。

(6)总投资形成资产情况:开发井工程费用的 312000 万元直接计入油气资产;集输工程费用及其他(14040 万元)和建设期利息(5594 万)直接计入固定资产(14040 + 5594 = 19634 万元);流动资金贷款的 3260 万元直接计入流动资产。

7.3　重庆某区块开发投资估算

投资估算对象为重庆某区块页岩气开发项目。该项目寿命期为 2016—2049 年共 34 年,其中建设期为 2016—2017 年共 2 年,生产期为 2018—2049 年共 32 年;拟投产井共 48 口,区块 32 年生产期内共产气 $182083 \times 10^4 \mathrm{m}^3$,生产期内年均产气量为 $5690 \times 10^4 \mathrm{m}^3$;详细的分年产气情况见表 7.10。

表 7.10　重庆某区块页岩气分年产气量情况

年份		年产量（$10^4 m^3$）
建设期	2016	0
	2017	0
生产期	2018	44928
	2019	17971.2
	2020	15159.2
	2021	11476.39
	2022	9237.75
	2023	7731.53
	2024	6648.31
	2025	5831.66
	2026	5193.86
	2027	4681.92
	2028	4261.91
	2029	3911.09
	2030	3613.66
	2031	3358.29
	2032	3136.64
	2033	2942.44
	2034	2770.9
	2035	2618.26
	2036	2481.57
	2037	2358.44
	2038	2246.95
	2039	2145.53
	2040	2052.87
	2041	1967.89
	2042	1889.66
	2043	1817.42
	2044	1750.49
	2045	1688.32
	2046	1630.42
	2047	1576.35
	2048	1525.76
	2049	1478.31
合计		182083

该区块项目总投资估算范围包括建设投资、建设期利息与流动资金共三项。

该区块页岩气开发建设投资估算共计326040万元,其构成情况如表7.11及图7.4所示。可以看出,开发井工程费用在项目建设投资326040万元中占了95.7%,高达312000万元;集输工程费用及其他费用占项目建设投资326040万元中的4.3%,达14040万元。

图7.4 重庆某区块开发建设投资构成比例图

表7.11 重庆某区块开发建设投资估算表

序号	费用名称	合计(万元)	占建设投资的比例(%)
1	开发井工程费用	312000	95.7
2	集输工程费用及其他费用	14040	4.3
3	建设投资估算合计(等于1+2)	326040	100

按相关规定,该区块开发建设投资的55%为自有资金(326040×0.55＝179322万元);45%为长期贷款(326040×0.45＝146718万元),贷款年利率为5%。

7.3.1 区块开发建设期利息估算

该区块开发建设期为2年。其建设投资筹措为:2016年向银行进行长期开发借款73359万元,2017年向银行进行长期开发借款73359万元,这两笔借款按规定应计算建设期利息,2年的建设期利息在2017年末共计5594万元。

$$建设期利息 = \left(\frac{73359}{2}\times0.05 + 73359 + \frac{73359}{2}\right)\times0.05 = 5594(万元)$$

因此,该区块开发项目其建设期利息的计算结果为5594万元。

7.3.2 区块开发流动资金估算

该区块开发流动资金按扩大指标法估算筹措,具体为区块建设投资326040×1%＝3260万元。并据公司相关安排,本项目全部流动资金的3260万元完全向银行进行流动资金贷款(按"各年贷、各年还"的方式进行),其贷款年利率为4%,每年利息进入营运期各年的财务费用。

经过计算得出区块开发总投资为334894万元,项目总投资汇总情况见表7.12,具体详见附表1。所形成的资产包括油气资产、固定资产和流动资产三大项。其中,开发井工程费用的312000万元直接计入油气资产;集输工程费用及其他(14040万元)和建设期利息(5594万元)直接计入固定资产(14040＋5594＝19634万元);流动资金贷款的3260万元直接计入流动资产。

表 7.12　重庆某区块开发总投资汇总表

序号	费用名称	金额(万元)	占项目总投资比重(%)
1	建设投资	326040	97.36
2	建设期利息	5594	1.67
3	流动资金	3260	0.97
4	项目总投资(=1+2+3)	334894	100

7.4　重庆某区块开发损益估算

重庆某区块开发损益估算是进行项目财务分析与不确定性分析的重要基础,其估算的精度最终会影响到对项目财务可行性与抗风险能力的评判。本节主要包括区块开发的总成本费用估算与区块开发营业收入、营业税金及附加与利润估算两方面内容。

7.4.1　区块开发总成本费用估算

该区块开发总成本费用是指区块开发在运营期内从事天然气生产经营活动所发生的、与营业收入相对应的全部费用,包括生产成本、管理费用、财务费用和营业费用四项。

1. 生产成本估算

该区块开发生产成本由其操作成本、折耗与折旧三部分组成。32 年生产期内区块开发共计生产成本 407747 万元,年均生产成本为 12742 万元。其分年估算的详细结果见附表 2 中的生产成本部分所示。其分项估算的取值参数详细说明如下:

(1)操作成本。区块开发 32 年生产期内共计操作成本 76111 万元(=182083×0.95×0.44),其年均操作成本为 2378 万元(=76111÷32)。其分年估算的详细结果见附表 2、附表3。

(2)折耗费。区块折耗费按工作量法计算,其计算公式如下:

$$年折耗费 = 油气资产原值×年产气量/总产气量$$

区块开发油气资产原值为 312000 万元,32 年生产期内年均油气资产折耗为 9750 万元。其分年估算的详细结果见附表 2、附表 4 所示。

(3)折旧费。区块折旧费按工作量法计算,其计算公式如下:

$$年折旧费 = 固定资产原值×年产气量/总产气量$$

区块开发油气资产原值为 19634 万元,32 年生产期内年均固定资产折旧为 614 万元。其分年估算的详细结果见附表 2、附表 4 所示。

2. 管理费用估算

开发管理费用是指其上级销售公司为管理和组织经营活动所发生的各项费用,主要包括公司管理部门人员费用、公司经费、劳动保险费、残疾人就业保障金、董事会费、咨询费、聘请中介机构费、研究与开发费、管理系统折旧费、公司管理固定资产修理费、无形资产和其他资产摊销费、业务招待费、损失或准备等项目。其中最主要的矿产资源补偿费按营业收入的1%计算，区块开发32年生产期内共计矿产资源补偿费4913万元（=182083×0.95×2.84×1%），其年均矿产资源补偿费为154万元（=4913÷32）。其分年估算的详细结果见附表2所示。其他管理费用按营业收入的0.5%计算，区块开发32年生产期内共计其他管理费用2456.5万元（=182083×0.95×2.84×0.5%），其年均其他管理费用为77万元（=2456.5÷32）。其分年估算的详细结果如附表2所示。

3. 财务费用估算

财务费用是指项目筹集资金在运营期间所发生的各项费用，根据本项目的特点，为简化计算，在评价中不计算其他财务费用，仅考虑运营期间发生的利息支出，包括长期借款利息（建设期借款运营尚未还清的本息，应视为长期借款，在运营期各年内均要计息），流动资金借款的利息净支出。区块开发32年生产期内共计财务费用46047万元，其年均财务费用为1439万元。其分年分项的详细估算结果见附表2所示。

4. 营业费用估算

营业费用估算按营业收入的0.5%计算，重庆某区块开发32年生产期内共计营业费用2456.5万元（=182083×0.95×2.84×0.5%），其年均营业费用为77万元（=2456.5/32）。其分年估算的详细结果见附表2所示。

计算得出重庆某区块开发总成本费用其32年生产期内共计总费用463650万元，其年均总成本费用费用为14489万元。其分年分项详细估算结果见附表2所示。将总成本费用进行分解，则其固定成本，即不受天然气产量增减变动影响的各项成本费用，主要包括人员费用、折耗费、折旧费、修理费、租用费、其他管理费用和财务费用等。经估算，32年生产期内共计固定成本380145万元，其年均固定成本为11880万元。其分年估算的详细结果见附表2所示。可变成本指随天然气产量成正比变化的各项费用，主要包括外购燃料和动力费等。经估算，32年生产期内共计可变成本83505万元，其年均可变成本为2610万元。其分年估算的详细结果见附表2所示。

7.4.2 区块开发营业收入、营业税金及附加与利润估算

1. 营业收入估算

营业收入是指矿区从事天然气生产销售经营活动所取得的收入。其计算公式如下：

年天然气销售收入 = 年天然气产量 × 年天然气商品率 × 年天然气售价

其中，区块的年天然气产量依据表7.10中的数据，其年天然气商品率取投资方要求的95%，年天然气售价取2.84元/m^3。

经估算，区块开发32年生产期内共计营业收入491261万元，其年均营业收入为15352万元。其分年估算的详细结果见附表5所示。

2. 营业税金及附加估算

重庆某区块开发需要缴纳的营业税金及附加有城市建设维护税、教育费附加和资源税三项。需要强调的是作为流转税的增值税，其本身并不影响项目的财务现金流量和利润的计算，但因为其是城市建设维护税和教育费附加的计算基础，因此，对它的计算却又是必需的。

(1) 重庆某区块开发的增值税计算情况见附表5中的序号2行所示，32年生产期内共计增值税63863万元，其年均增值税为1996万元。

(2) 重庆某区块开发32年生产期内城市维护建设税共计4469万元，年均城市维护建设税为140万元。其详细的分年估算结果见附表5所示。

(3) 重庆某区块开发32年生产期内共计教育费附加1918万元，其年均教育费附加为60万元。其详细的分年估算结果见附表5所示。

(4) 重庆某区块开发32年生产期内共计资源税4915万元，其年均资源税为154万元。其详细的分年估算结果见附表5。

3. 利润估算

按国家最新税法规定，重庆某区块开发的所得税税率为15%，经计算，重庆某区块开发32年生产期内的所得税额为10230万元，年均所得税为320万元。其详细的分年估算结果见表7.18所示。

重庆某区块开发缴纳所得税后的利润，除按国家另有规定者除外，按照下列顺序分配：①被没收财产损失，支付各项税收的滞纳金和罚款；②弥补企业以前年度的亏损；③提取法定盈余公积金；④提取公益金；⑤向投资者分配利润。

经计算，重庆某区块开发32年生产期的年均利润总额为2131万元，年均净利润为1812万元，年均盈余公积金为1122万元，年均公益金为561万元，年均未分配利润为128万元，它们详细的分年估算结果见附表6。

7.5　重庆某区块开发财务可行性分析

重庆某区块页岩气开发的财务可行性分析按国家建设项目经济评价方法与参数第三版和石油行业规定的相应评价方法体系进行。评价的依据是：(1) 国家发展改革委、建设部印发《建设项目经济评价方法与参数(第三版)》(发改投资〔2006〕1325号)；(2)《中国石油天然气集团公司投资项目经济评价方法》(中油计〔2017〕22号)；(3)《中国石油天然气集团公司投资项目经济评价参数(2019)》(中油计〔2019〕54号)。

7.5.1　区块开发盈利能力分析

该区块开发的盈利能力分析是指通过计算项目的投资财务内部收益率和财务净现值、项目资本金财务内部收益率、投资回收期、总投资收益率、资本金净利润率等指标，并与相应标准进行比较,从而据此分析判断项目的盈利能力(刘清志等,2007,2012)。

经计算,该区块的开发盈利能力分析主要指标情况如表7.13所示。

表7.13　区块开发盈利能力的主要分析指标计算结果

主要指标	计算结果		比较标准	评价结论
财务内部收益率 FIRR(%)	调整所得税前	4.02	小于常规天然气行业的基准收益率8%	不可行
	调整所得税后	3.39	小于常规天然气行业的基准收益率8%	不可行
财务净现值 FNPV(万元)（折现率取3%）	调整所得税前	21660	大于0	可行
	调整所得税后	8384	大于0	可行
财务静态投资回收期 P_t(年)	调整所得税前	11.54	大于常规天然气的行业标准10年	不可行
	调整所得税后	13.08	大于常规天然气的行业标准10年	不可行
财务动态投资回收期 P_t'(年)（折现率取3%）	调整所得税前	20.68	小于项目的寿命周期34年	可行
	调整所得税后	26.81	小于项目的寿命周期34年	可行
总投资收益率 ROI(%)	1.07		小于银行的同期利率5%	不可行
资本金净利润率 ROE(%)	1.01		小于银行的同期利率5%	不可行

从表7.13可以看出,该区块开发盈利能力的部分指标满足相关规定和要求,部分指标不满足相关规定和要求,因此评价的结果为勉强可行。

详细的区块开发盈利能力各指标的含义、计算公式、评判标准以及计算结果如下。

1. 财务内部收益率(FIRR)

该区块开发的财务内部收益率指能使项目计算期内各年的净现金流量现值累计等于零时的折现率,它反映项目所占用资金的盈利率,是反映项目盈利能力的主要动态评价指标。

该区块开发的财务内部收益率计算情况如附表7所示。

当财务内部收益率大于或等于基准收益率(i_c)时,项目在财务上可考虑接受;而当财务内部收益率小于基准收益率(i_c)时,项目在财务上则不能接受。该区块开发投资财务内部收益率和其资本金投资财务内部收益率可有其不同的基准值。

特别指出的是,该区块开发资本金财务内部收益率的判别基准是项目投资者整体对投资获利的最低期望值,亦即最低可接受收益率。当计算的项目资本金内部收益率大于或等于该最低可接受收益率时,说明投资获利水平大于或达到了要求,是可以接受的(陈明奇等,2013)。

经计算,该区块开发的投资财务内部收益率调整所得税前为4.02%,调整所得税后为3.39%,均小于天然气行业的基准收益率8%,表明该项目不具有可行的财务盈利能力。

另外,根据附表8,可计算出该区块开发资本现金财务内部收益率为3.11%,小于页岩气行业的基准收益率8%,同样表明该项目不具有可行的财务盈利能力。

2. 财务净现值(FNPV)

该区块开发的财务净现值是指按设定的折现率(一般采用基准收益率 i_c)计算的项目计算期内净现金流量的现值之和,它是考察项目在计算期内盈利能力的动态评价指标。

该区块开发的财务净现值计算情况如附表 7 所示。

若在设定的折现率下的财务净现值大于或等于零(即 FNPV≥0),表明该区块开发在财务上是可以接受的;反之,若 FNPV＜0,则说明项目的盈利能力没有达到要求,财务上不能接受。

以 3% 作为折现率,经计算,该区块开发的财务净现值调整所得税前为 21660 万元,调整所得税后为 8384 万元,均大于 0,表明该项目具有可行的财务盈利能力。

3. 投资回收期(P_t 和 P'_t)

该区块开发的投资回收期是指以项目的净收益回收项目投资所需要的时间,一般以年为单位,从项目建设年开始算起。项目投资回收期是考察项目在财务上回收投资能力的主要静态指标。

该区块开发的投资回收期计算情况如附表 7 所示。

该区块开发投资回收期可利用区块开发投资财务现金流量表(附表 7)计算,项目投资财务现金流量表中累计净现金流量由负值变为零时的时点,即为项目的投资回收期。

投资回收期越小,表明该区块开发投资回收越快,抗风险能力越强。如果区块开发的投资回收期小于或等于行业规定的标准投资回收期,则认为该项目是可以接受的;反之,如果区块开发的投资回收期大于行业规定的标准投资回收期,则认为该项目是不能接受的。

经计算,该区块开发的静态投资回收期调整所得税前为 11.54 年,调整所得税后为 13.08 年,均大于常规天然气行业的静态标准投资回收期 10 年,表明该项目不具备可行的盈利能力与一定的抗风险能力。

另外,根据附表 7,可计算出该区块开发的动态投资回收期调整所得税前为 20.68 年,调整所得税后为 26.81 年,均小于项目寿命期 34 年,从这个指标来看,该项目则具有可行的盈利能力与一定的抗风险能力。

4. 总投资收益率(ROI)

该区块开发的总投资收益率是指项目运营期内年平均息税前利润与项目总投资的比例,表示项目总投资的盈利水平,这是一个静态指标。

若该区块开发的总投资收益率高于预定的参考值,表明项目用总投资收益率表示的盈利能力能够满足要求;反之,则不能满足要求。

计算时,运营期内年平均息税前利润(EBIT)取附表 6 中序号为 16 行的数据之 32 年平均值(即 3570 万元),项目总投资(TI)取附表 1 中序号为 4 行的数据(即 334894 万元),故该区块开发的总投资收益率为 1.07%,如果将其与银行同期利率作比较,则小于银行的同期利率标准 5%,表明该项目不具备可行的财务盈利能力。

5. 资本金净利润率(ROE)

该区块开发的资本金净利润率是指项目运营期内年平均净利润与项目资本金投资的比率,表示项目资本金投资的盈利水平,这是一个静态指标。

如果该区块开发的资本金净利润率高于页岩气行业资本金净利润率的参考值,表明用资本金净利润率表示的盈利能力能够满足要求;反之,则不能满足要求。

计算时,运营期内年平均净利润(NP)取附表6中序号为9行的数据之32年平均值(即1812万元),项目资本金投资(EC)取附表1中序号为2行的数据(即179322万元),故该区块开发的资本金净利润率为1.01%,如果将其与银行同期利率作比较,则小于银行的同期利率标准5%,表明该项目不具备可行的财务盈利能力。

7.5.2 区块开发偿债能力分析

该区块开发的偿债能力分析是指通过计算项目的利息备付率(ICR)、偿债备付率(DSCR)和资产负债率(LOAR)等指标,并与相应标准进行比较,从而据此分析判断项目的偿债能力。

经计算,该区块开发的偿债能力分析主要指标情况如表7.14所示。从表7.14中可以看出,区块开发偿债能力各指标均满足相关规定和要求,评价的结果为全部可行。

表7.14　偿债能力的主要分析指标计算结果

主要指标	计算结果	比较标准	评价结论
利息备付率(ICR)(32年内的平均值)(%)	7.69	大于行业最低可接受值2%	可行
偿债备付率(DSCR)(32年内的平均值)(%)	29.14	大于行业最低可接受值1.3%	可行
资产负债率(LOAR)(34年内的平均值)(%)	11.04	小于行业最高可接受值50%	可行

详细的该区块开发的偿债能力各指标的含义、计算公式、评判标准以及计算结果如下。

1. 利息备付率(ICR)

该区块开发的利息备付率是指项目在借款偿还期内的息税前利润与应付利息的比值,它从付息资金来源的充裕性角度反映项目偿付债务利息的保障程度和支付能力,这是一个静态指标。

该区块开发详细的利息备付率计算情况如附表9所示。

利息备付率高,表明利息偿付的保证度大,风险小。利息备付率一般应大于1%,或结合银行等债权人的要求来判定。

经计算,该区块开发32年生产期内的年平均利息备付率为7.69%,大于国家规定的最低可接受值2%,表明该项目具有良好的利息偿付能力。

2. 偿债备付率(DSCR)

该区块开发的偿债备付率是指项目在借款偿还期内可用于还本付息的资金与应还本付息金额的比值,表示可用于还本付息的资金偿还借款本息的保证程度,这是一个静态指标。

该区块开发详细的偿债备付率计算情况如附表9所示。

偿债备付率高,表明可用于还本付息的资金保障程度高。偿债备付率应大于1%,并结合银行等债权人的要求确定。

经计算,该区块开发32年生产期内的年平均偿债备付率为29.14%,大于国家规定的1.3%,表明该项目具有良好的还本付息能力。

3. 资产负债率(LOAR)

该区块开发的资产负债率是指项目年末负债总额与资产总额的比率,是反映项目各年所面临的财务风险和偿债能力的一个重要静态指标,可以衡量项目利用银行等债权人的资金进行经营活动的能力,也可以反映银行等债权人发放贷款的安全程度。

该区块开发详细的资产负债率分年计算情况如附表10所示。

适度的资产负债率表明项目经营安全、稳健,具有较强的筹资能力,也表明项目和银行等债权人的风险较小。对该指标的分析,应结合国家宏观经济状况、行业发展趋势、股份公司融资模式等具体条件判定,一般要求项目的资产负债率应不高于50%(杨萍等,2013)。

经计算,该区块开发从2016年到2049年34年评价期内的年平均资产负债率11.04%,小于国家规定的50%,表明了该项目具有良好的偿债能力和抗风险能力。

7.5.3 区块开发财务生存能力分析

该区块开发的财务生存能力分析是指通过考察项目计算期内各年的投资活动、融资活动和经营活动所产生的各项现金流入和流出,计算其年净现金流量(CF_t)和累计盈余资金($\sum_{t=0}^{t} CF_t$),分析是否有足够的净现金流量来维持项目的正常运营,以便能够实现项目的财务可持续性。经计算,该区块开发的财务生存能力分析主要指标情况如表7.15所示。

表7.15 区块开发财务生存能力的主要分析指标计算结果

主要指标	计算结果	比较标准	评价结论
年净现金流量(万元)(32年的平均值)	7314	大于0	可行
累计盈余资金(万元)(32年共计)	234034	大于0	可行

从表7.15可以看出,该区块开发32年生产期内的年均净现金流量为7314万元,大于0;从2018年到2049年32年生产期内的累计盈余资金共计为234034万元,大于0。主要指标计算结果表明,该项目具有较好的财务生存能力。

区块开发的财务生存能力各指标的含义、计算公式、评判标准以及计算结果详细介绍如下:

1. 年净现金流量(CF_t)

该区块开发的年净现金流量是指项目各年内的现金流入与现金流出之差额。这是一个静态指标,可以衡量项目的财务可持续性。区块开发财务生存能力应体现为有足够大的经营活动净现金流量,一般应为正数为好。

该区块开发的年净现金流量分年计算情况如附表11所示。

经计算,该区块开发从2018年到2049年32年生产期内的年平均净现金流量为7314万元,大于0,表明该项目具有较好的财务生存能力。

2. 累计盈余资金($\sum_{t=0}^{t} CF_t$)

区块开发的累计到t年末的盈余资金是指项目从0年开始到第t年末为止的净现金流量

累计之和。这是一个静态指标,可以衡量项目的财务可持续性。区块开发财务生存能力应体现为有足够大的经营活动净现金流量,一般情况下,项目各年末累计盈余资金不应出现负值为好。

详细的该区块开发的累计盈余资金分年计算情况如附表 11 所示。

经计算,该区块开发从 2018 年到 2049 年 32 年生产期内的累计盈余资金共计为 234034 万元,大于 0,表明该项目具有较好的财务生存能力。

7.6 重庆某区块开发不确定性分析

对重庆某区块开发进行不确定性分析,主要对其进行盈亏平衡分析与单因素敏感性分析。

7.6.1 区块开发盈亏平衡分析

盈亏平衡分析是通过分析产品销量、成本等项目盈利能力的关系,找出投资项目盈利与亏损在销量、价格、成本、生产能力利用率等方面的界限,从而确定在经营条件发生变化时项目相应的风险承受能力的一种经济分析方法(潘王海,2012)。

根据该区块开发特点,选择以生产能力利用率计算其正常运营年盈亏平衡点。

$$BEP(生产能力利用率) = \frac{年均总固定成本}{(年均总收入 - 年均总可变成本 - 年均营业税金及附加) \times 0.95} \times 100\%$$

上式的计算,其基础数据来源于表 7.7、附表 2、附表 5、附表 6,89.26% 的生产能力利用率说明本项目对天然气产量的变化有一定的抗风险能力。

有了上式计算的 BEP(89.26%),结合前述各种取值参数,进一步可计算该区块开发盈亏平衡年均总收入为 $5690 \times 0.95 \times 3.14 \times 89.26\% = 15150$ 万元。

该区块开发的平衡分析如图 7.5 所示,其盈亏平衡年均产气量为 $5690 \times 0.95 \times 89.26\% = 4825 \times 10^4 m^3$。此数据则更能直观地反映出该区块开发(设计年均产气量 $5690 \times 10^4 m^3$)项目具有一定的抗风险能力。

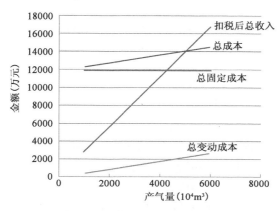

图 7.5 重庆某区块开发盈亏平衡分析图

7.6.2 区块开发敏感性分析

以表 7.20 中的调整所得税后财务内部收益率作为因变量,以项目建设投资、产品价格、经营成本作自变量,对该区块开发进行三个单因素敏感性分析,结果如表 7.16 和图 7.6 所示。

从表 7.16 和图 7.6 可以看出该区块开发调整所得税后财务内部收益率对天然气价格的变化最为敏感,对建设投资的变化为第二敏感,对经营成本的变化为第三敏感。

表 7.16 重庆某区块开发单因素敏感性分析 单位:%

变化因素	经济效益指标	−20	−10	0	10	20
建设投资	调整所得税后财务内部收益率	7	5	3.39	2	0.87
产品价格	调整所得税后财务内部收益率	−0.4	1.48	3.39	5	7
经营成本	调整所得税后财务内部收益率	3.99	3.69	3.39	3.09	2.80

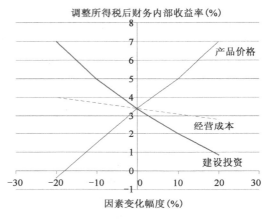

图 7.6 重庆某区块开发单因素敏感性分析

7.7 评价结论及建议

7.7.1 评价结论

重庆某区块开发经济预评价结果表明,项目具有一定的偿债能力和财务生存能力,但是财务盈利能力较差,因此,从偿债能力和财务生存能力来看经济上是可行的,但是从盈利能力来看项目则不具有投资价值。另外对项目进行不确定性分析表明,本项目具备一定的财务可行性和抗风险能力。详细的重庆某区块开发经济评价指标计算结果与评价结论如表 7.17 所示;其不确定性分析的相关图表参阅前述的图 7.5、图 8.6 和表 7.16 所示。

表 7.17　重庆某区块开发经济效益评价指标计算结果与评价结论

主要指标		计算结果		比较标准	评价结论
财务盈利能力指标	财务内部收益率 FIRR（%）	调整所得税前	4.02	小于常规天然气行业的8%	不可行
		调整所得税后	3.39	小于常规天然气行业的8%	不可行
	财务净现值 FNPV（万元）（折现率取3%）	调整所得税前	21660	大于0	可行
		调整所得税后	8384	大于0	可行
	财务静态投资回收期 P_t（年）	调整所得税前	11.54	大于常规天然气的行业标准10年	不可行
		调整所得税后	13.08	大于常规天然气的行业标准10年	不可行
	财务动态投资回收期 P'_t（年）（折现率取3%）	调整所得税前	20.68	小于项目的寿命周期34年	可行
		调整所得税后	26.81	小于项目的寿命周期34年	可行
	总投资收益率 ROI（%）		1.07	小于银行的同期利率5%	不可行
	资本金净利润率 ROE（%）		1.01	小于银行的同期利率5%	不可行
财务偿债能力指标	利息备付率（ICR）（%）（32年内的平均值）		7.69	大于行业最低可接受值2%	可行
	偿债备付率（DSCR）（%）（32年内的平均值）		29.14	大于行业最低可接受值1.3%	可行
	资产负债率（LOAR）（%）（34年内的平均值）		11.04	小于行业最高可接受值50%	可行
财务生存能力指标	年净现金流量（万元）（32年的平均值）		7314	大于0	可行
	累计盈余资金（万元）（32年共计）		234034	大于0	可行

从表7.17可知,该项目在财务内部收益率、财务静态投资回收期、总投资收益率、资本金净利润率4个方面不满足要求。其中,总投资收益率和资本金净利润率因为都是正值而非负值,说明投资该项目是有收益和利润的,只是与把钱存入银行相比,投资该项目没有比存银行赚的钱多,但是投资页岩气开发它还会产生正的社会效益,这是将钱存入银行没法产生的价值,因此从"只要有钱赚项目即可行"这个角度来讲,项目是可行的。实际上如果将财务静态投资回收期设定为10年时,其内部收益率也会随之提高。为此,我们专门绘制了不同初期日产情况下的营业收入明细表,表中按2.21元/m³折算的依据是含补贴的页岩气价格是3.14元,而页岩气的年均经营成本为2687万元,年均可变成本为2610万元,将两者相加即为页岩气的年生产成本(2687 + 2610 = 5297万元),而重庆某区块的设计年均产气量为5690 × 10⁴ m³,生产成本为0.93元/m³(= 5297 ÷ 5690),则2.21元(= 3.14 - 0.93)即为每立方米气的生产成本(表7.29)。

因此,通过与行业参数标准作比较,得出该区块开发项目经济评价的结论为:从某一方面看可行,从另一方面看又不可行,总的来说是勉强可行,当然距离良好、满意等评价结论就差得很远。而且本项目不少评价指标的取值都很不理想,如财务内部收益率 FIRR 调整所得税前为4.02%、调整所得税后为3.39%,这相对于常规天然气项目的8%而言都太低了;另外,本项目的折现率仅为3% ,作为门槛标准,与常规天然气项目的10% ~12% 相比也是低了很多。

造成本项目勉强可行结论的原因有二：一是该区块的产气量还是不算理想；二是该区块的井网与集输的建设投资还是有些偏大。当然用乐观发展的眼光看,随着勘探开发的进步,该区块可能会有新的地质突破,于是储量、产量双提高也是有这种可能的;另外,随着钻井技术、集输工艺的进步或革新,该区块的建设投资也是有大幅下降这种可能的。

7.7.2　相关建议

（1）建议该区块开发上马实施后加强后续的项目管理工作,如严格控制投资规模、密切关注项目实施中的成本费用变化,以确保工期和提高工程质量,从而提高项目建设管理的效益。

（2）建议该区块开发建设期内指派相关人员做好项目的跟踪评价即项目的中评价工作。

（3）建议今后该区块开发之时反过来对该项目进行后评价。以便总结经验教训,指导重庆市今后类似页岩气勘探开发项目的完整运作。

（4）建议密切关注该区块开发进程中各类风险的识别,做好相应的对策安排。

第3篇

软件系统

第8章
软件系统设计

8.1　编制目的

　　为确定某一区块(单井)页岩气是否适合商业化开采,一般需要对其开发利用可能带来的经济价值和社会效益进行预评估,预评估的结果将为决策者在投资决策时提供科学依据。为解决在经济价值评价过程手工计算量大、计算数量繁琐、变量指标众多、计算方法方式多样等诸多问题,需要设计一套可有效解决上述问题的软件系统(肖汉,2014)。通过研制页岩气开发技术和经济评价软件,运用计算机技术,对目标区块(单井)进行开发方案经济指标预测,形成经济合理、高效开发页岩气的技术经济评价体系,为页岩气开发提供开发决策。软件系统支持页岩气开发经济评价过程中的相关评价指标和评价方法,其计算结果可为决策提供科学合理的参考价值,并给予了风险提示。

　　通过市场调研、文献查阅及软件试用得知,虽然国内已有建设项目经济评价的相关软件,但符合页岩气开发评价技术和经济评价需要,能涵盖页岩气开发评价技术和经济评价的相关软件尚未公开查到。为有效解决页岩气开发利用过程中技术评价和经济评价的现实问题,研制并开发了一套软件系统。该软件系统主要包括以下两部分内容:

　　(1)页岩气开发技术综合评价。软件通过建立因素集和评判标准,分别对断块特征、沉积特征、储层质量、含气特征、含水特征、储量规模、气藏特征、生产特征、地理环境、开采工艺、地面工程等主要影响因素进行模糊变换和数据分析,建立了递阶层次结构、多级判断矩阵,结合权重向量,完成最终评判矩阵和评价结果,以用于确认目标区块(单井)页岩气储量品质等级。

　　(2)页岩气开发方案经济评价。在估算勘探目标区块的页岩气储量(资源量)和各阶段页岩气日产气量(或年产气量)后,按照经济评价通用方式和方法,结合页岩气产气量和递减规律等特点,完成不同约束下的布井方式和布井口数。通过对生产期内页岩气价格、补贴等经济参数进行预测,参考行业和领域成熟的相关指标和参数,完成区块开发投资构成、成本费用、营业收入、营业税金及附加与利润等数据估算,最终提供包括财务盈利能力、财务偿债能力、财务生存能力等各指标数据和可行性分析结果。

8.2 技术选择

为了提高软件使用效率,使其具有良好的推广和使用价值,确保本软件系统能在 Windows 版本计算机上运行,开发一款基于微软 Windows 的桌面应用程序。利用微软 Visual Studio 开发工具,基于微软.Net Framework 运行库,使用微软 C#语言开发本软件。软件的数据,采用桌面型数据库微软 Access 数据库存储和管理。

8.2.1 .NET Framework 平台

.Net Framework 平台是微软的.NET 应用程序开发和运行环境。它包括一个称为公共语言运行时(CLR)的虚拟执行系统和一组统一的类库。CLR 是 Microsoft 对 Common Language Infrastructure(CLI)的商业实现。

用 C#编写的源代码被编译为一种符合 CLI 规范的中间语言(IL)。IL 代码与资源(如位图和字符串)一起作为一种称为程序集的可执行文件存储在磁盘上,通常具有的扩展名为.exe 或.dll。程序集包含清单,它提供有关程序集的类型、版本、区域性和安全要求等信息。执行 C#程序时,程序集将加载到 CLR 中,这可能会根据清单中的信息执行不同的操作。如果符合安全要求,CLR 就会执行实时(JIT)编译以将 IL 代码转换为本机机器指令。CLR 还提供与自动垃圾回收、异常处理和资源管理有关的其他服务。C#源代码文件、.NET Framework 类库、程序集和 CLR 的编译时与运行时的关系如图 8.1 所示。

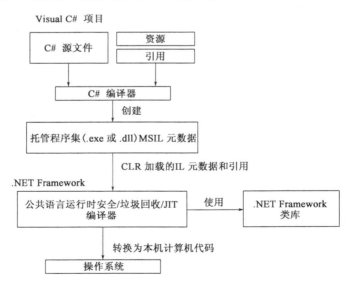

图 8.1 C#、.NET Framework、CLR 的编译时与运行时关系图

8.2.2 C#语言

C#是一种简洁、安全的面向对象的语言,开发人员可以使用它来构建在. NET Framework 上运行的各种安全、可靠的应用程序,可以使用 C#来创建 Windows 客户端应用程序、XML Web services、分布式组件、客户端/服务器应用程序、数据库应用程序等。C#提供了高级代码编辑器、方便的用户界面设计器、集成调试器和许多其他工具,可以轻松地在 C#语言和. NET Framework 的基础上开发应用程序。

8.3 编制思路

本软件主要包括项目管理、气藏评价、经济评价、用户管理、数据维护等五大核心功能。软件的功能结构如图8.2所示。

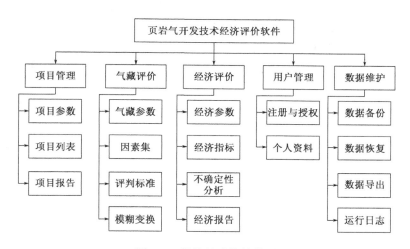

图 8.2 软件的功能结构图

为保护用户评价数据安全和隐私性,所有操作必须授权登录后才能操作。软件注册后,必须获取授权码才能正常使用。系统登录流程如图8.3所示。

页岩气开发技术综合评价时,需要先新建(选择)评价对象,在软件中称为"项目"。这里的评价项目可以是一个区块,也可以是一个具体的单井。选定(或新建)项目后,对项目基本信息参数进行配置,确定评价影响的因素集、评判标准后,软件自动进行模糊变换等运算,最终计算出页岩气开发技术综合评价中的评判矩阵和评价结果,确定项目储量品质等级。页岩气开发技术综合评价流程如图8.4所示。

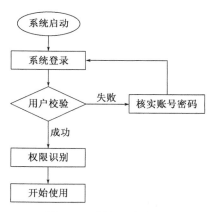

图 8.3 系统登录流程

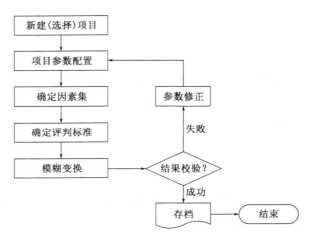

图 8.4　页岩气开发综合评价流程图

　　页岩气开发方案经济评价时,仍然需要先新建(选择)项目,该项目可以是一个区块,也可以是一口具体的单井。经济评价项目可以直接使用开发技术综合评价中的项目信息,也可相对独立管理。在选定(新建)项目后,对项目参数进行配置,再设置各类经济参数,录入财务数据后,软件自动进行运算,计算出经济评价中的各类指标,并将各指标值与系统内置行业各类推荐值进行对比,最终对项目是否可行给出推荐性意见,供用户决策参考。页岩气开发方案经济评价流程如图 8.5 所示。

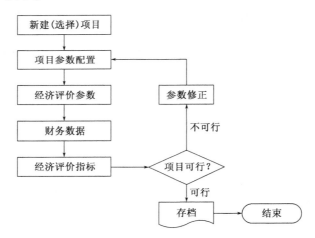

图 8.5　页岩气开发方案经济评价流程图

8.4　软件模块

　　(1)项目管理:主要是对软件评价对象的管理,评价对象可以是待评价的具体区块,也可是拟开发的具体某一单井。

①项目参数:在新建(修改)项目时,需要对项目参数进行设定,如项目名称、区块等信息,信息在录入后,仍然可以在后期进行修改。

②项目列表:对系统已经存在的项目统一管理,方便用户查阅。

(2)气藏评价:即对页岩气开发技术综合评价,通过建立因素集和评判标准,对主要影响因素进行模糊变换和数据分析,建立了递阶层次结构、多级判断矩阵,经过多次模糊变换后,计算气藏品质结果。

①气藏参数:气藏评价前,对需要用到的参数进行配置。

②因素集:对系统内置的影响储量品质的 10 个一级指标因素及其细分的 59 个具体的二级指标因素进行配置。

③评判标准:系统对同一层次的各因素关于上一层中某一因素的重要性进行两两比较,构造判断矩阵。

④模糊变换:依据指标的特性和等级模糊集合选择合适的形式并确定其中参数,利用四种算子,最终计算出模糊变换结果。

(3)经济评价:在选定评价对象后,结合气藏评价结果确定的产量预测数据,对其投资估算与资金筹措、损益分析、财务可行性分析、不确定性分析等。

①经济参数:在经济评价前,需要对用到的经济参数进行配置。

②财务数据:对评价项目的各项财务数据进行预测确定,需要用户逐项录入并核对。

③经济指标:系统根据前述设定的财务数据自动计算出各项经济指标结果值。

④不确定性分析:对影响评价对象开发经济效益的各个不确定性因素,需要作进一步的不确定性分析,主要包括对其进行盈亏平衡分析与单因素敏感性分析。

⑤评价报告:对经济评价过程中产生的中间数据、数据表格以及评价结论的查阅、一键导出等操作;生成的评价报告可导出供用户进一步分析和使用。

(4)用户管理:对软件授权及使用用户信息的管理。

①注册与授权:用户安装软件后,必须得到授权才能正常开启软件。在正式授权后,用户自行注册账号,以方便自己使用,确保数据安全。

②个人资料:对个人资料的维护,比如用户密码修改等操作。

(5)数据维护:对系统运行产生的数据进行统一管理。

①数据备份:用户可以定期或不定期对系统数据进行备份,以便计算机系统故障或更换计算机时,需要恢复数据。

②数据恢复:用户可以选择某一备份数据进行恢复。

③数据导出:针对备份的数据需要单独导出存档。

④运行日志:系统运行过程中产生的日志,方便用户对重要数据更改的查阅。软件故障时,方便开发者对日志进行收集,完善系统使用。

第9章
软件应用

9.1 软件安装

9.1.1 运行环境

1.硬件要求

(1)CPU:Pentium IV 1.2GHz 或以上;
(2)内存:1GB,DDR2;
(3)硬盘:500M 空闲空间;
(4)网络:100Mbps BaseT。

2.软件需求

(1)操作系统:Windows XP、Windows 7 或更高版本;
(2)Office 系统:Microsoft Office 2003 或更高版本;
(3)运行库:.Net Framework 4.0 或以上。

9.1.2 安装过程

在 Windows 操作系统下,解压软件安装文件压缩包,然后双击"setup.exe",进入软件安装向导。按照系统安装提示,点击"下一步"(图9.1)。

在软件安装文件夹选择界面中,根据实际情况选择安装路径,路径支持中文目录。为避免系统使用异常,目录名称中请勿使用特殊字符。建议采用默认安装路径(图9.2)。

确认系统安装信息,无误后,继续点击"下一步"(图9.3)。

此时耐心等待系统安装完成,安装过程持续 5~15s(图9.4)。

系统在安装完成后,会显示"安装完成"信息(图9.5)。

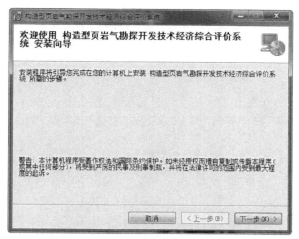

图 9.1　安装界面

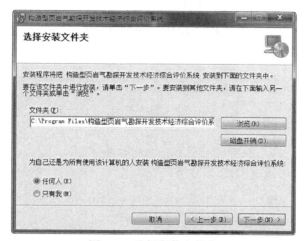

图 9.2　选择安装文件夹

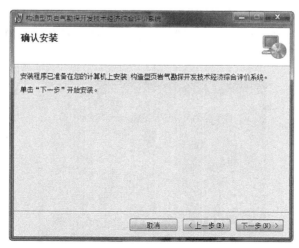

图 9.3　确认安装

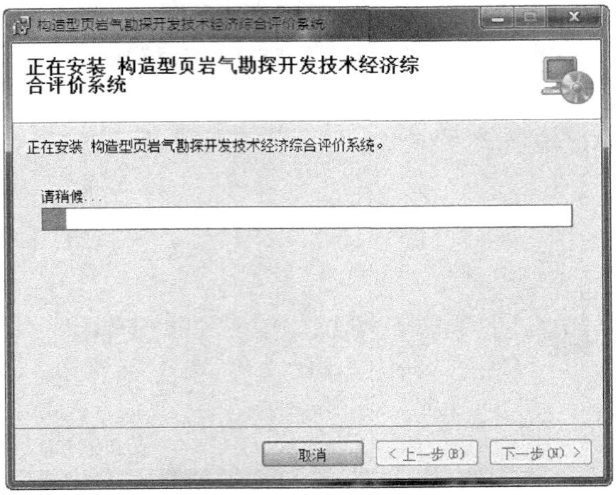

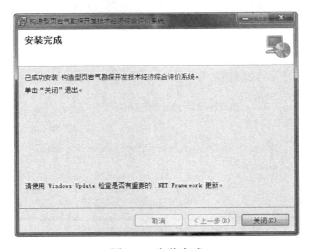

图9.4　正在安装

图9.5　安装完成

安装完成后,点击"关闭"即可。此时计算机桌面会有软件使用的快捷图标,双击运行,系统显示登录窗口(图9.6)。

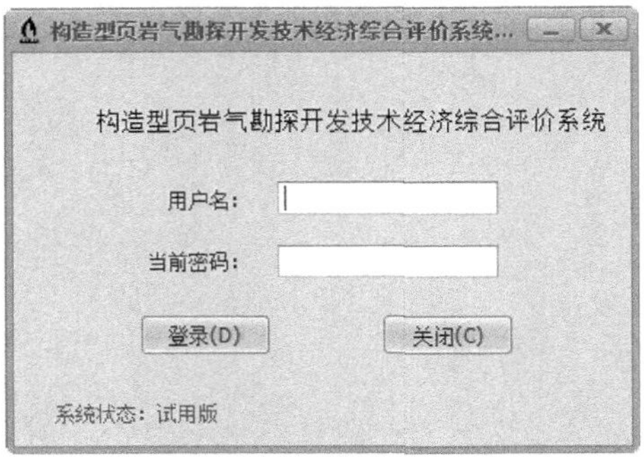

图9.6　登录界面

9.2 软件运行

在计算机桌面双击软件快捷方式图标,启动系统,输入正确的用户名和密码后,即可开始软件系统的使用。系统默认操作界面,如图9.7所示。

图9.7 系统默认操作界面

9.2.1 项目管理

软件系统支持多区块或单井(以下统称为"项目")的独立评价,各项目之间数据不受影响。为提高数据输入和项目评价效率,可以直接复制项目,此时会将源项目的参数数据和已有运算数据直接拷贝至一个新的项目,然后可在副本项目中进行修改和进一步处理。

9.2.2 打开项目

开始评价一个项目前,需要先建立该项目,并提供该项目的基础参数数据。系统已进行过的评价项目会以列表的形式呈现(图9.8)。表格中的"创建时间"和"更新时间",为系统根据当前计算机自动记录,无需手工管理,方便用户识别项目更新情况。

9.2.3 项目新增与修改

如需新评价一个项目,通过"新建项目"功能。按照界面提示,分别输入名称和备注信息(图9.9)。名称是必填项,最多20个字符。备注是可填项,最多100个字符。

图9.8　项目列表

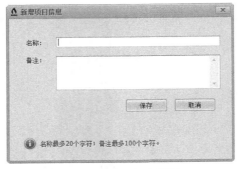

图9.9　项目新建界面

项目信息修改时,在编辑界面直接修改名称和备注即可。界面下方界面显示创建时间和上次修改时间(图9.10)。

图9.10　项目信息编辑界面

9.3　页岩气开发技术综合评价

页岩气开发技术综合评价时,系统通过建立因素集、评判标准,对断块特征、沉积特征、储层质量、流体特征、储量规模、气藏特征、生产特征、地理环境、开采工艺、地面工程等因素进行模糊变换和分析,形成判断矩阵,对气藏储量进行测算,以确定储量品质等级。页岩气开发技术综合评价的流程如图9.11所示。

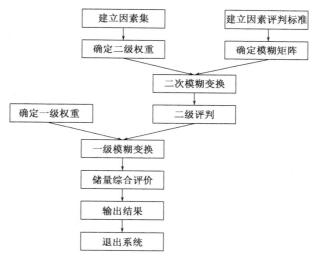

图9.11 气藏评价流程图

页岩气开发技术综合评价顺序为:因素集(人工输入) → 二级权重表(系统内置) → 评判标准(系统内置) → 模糊矩阵(系统运算) → 二次模糊变换(系统运算) → 一级权重表(系统内置) → 一级模糊变换(系统计算) → 评价结果(系统运算)。储量技术评价操作界面如图9.12所示。在具体测算评价过程中,按照图标从左至右逐个点击,分别填写相关数据,查阅各环节运输结果。

图9.12 储量技术评价操作界面

9.3.1 因素集

因素集在软件界面中以数据表格按纵行显示,界面显示不全时,可以使用下拉滚动条显示其余部分。其中序号列对一级、二级因素集进行了标识。在"值"一列中,可以输入该因素集的值。其操作界面如图9.13所示。

输入完成后,点击"保存"按钮即可。

系统已内置相关参数,可以使用"默认值"按钮,将各因素集设置为默认值(软件安装时的状态),减少输入工作量。在使用"默认值"按钮时,务必谨慎操作,点击后,软件将会用内置数据替换表格数据,此时表格数据会被直接覆盖。如果表格数据有更改,在操作前,务必留有备份数据,以免在数据被替换后无法恢复。

	序号	名称	值	单位
1	1	构造特征		
2	1.1	构造类型	0.5	
3	1.2	断块规模	80.92	
4	1.3	断块形态	0.6	
5	1.4	断块内断裂复杂性	0.8	
6	1.5	盖层厚度	110	
7	1.6	盖层覆盖面积	0.8	
8	1.7	页岩露头距核心区距离	4.05	
9	1.8	断裂运动与主储（生）烃期的时空关系	0.4	
10	1.9	过核心区断裂的封堵性	0.5	
11	1.10	构造可信度	0.5	
12	2	沉积特征		
13	2.1	沉积环境	0.5	
14	2.2	相带类型及特征	0.5	
15	2.3	岩相类型及特征	0.5	
16	3	储层质量		
17	3.1	页岩储层平面分布特征	0.4	
18	3.2	页岩储层纵向分布特征	0.4	

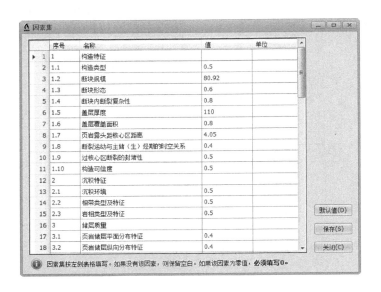

图 9.13　因素集界面

9.3.2　二级权重表

权重项采用专家评分法，各项权重系统已内置权重值，可以修改。其操作界面如图 9.14 所示。新建项目没有权重值时，需要手工录入，可以使用默认值按钮，自动填充各权重值。所有权重值的和必须为 1。当权重和不为 1 时，系统会提示，且无法继续操作。

	序号	名称	权重值
1	1	构造特征	0.039083261
2	1.1	构造类型	0.348277218
3	1.2	断块规模	0.157394512
4	1.3	断块形态	0.04115327
5	1.4	断块内断裂复杂性	0.102697129
6	1.5	盖层厚度	0.053421643
7	1.6	盖层覆盖面积	0.053421643
8	1.7	页岩露头距核心区距离	0.064967097
9	1.8	断裂运动与主储（生）烃期的时空关系	0.064967097
10	1.9	过核心区断裂的封堵性	0.060278749
11	1.10	构造可信度	0.053421643
12	2	沉积特征	0.062241775
13	2.1	沉积环境	0.109263658
14	2.2	相带类型及特征	0.320665083
15	2.3	岩相类型及特征	0.570071259
16	3	储层质量	0.199055502

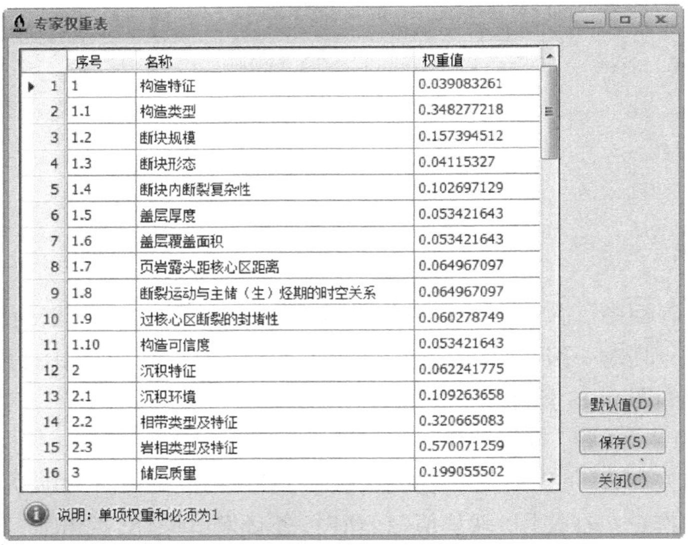

图 9.14　二级权重界面

9.3.3　评判标准表

　　根据评判标准表,输入数据。若各因素的分类标准从大到小排列,则该分类编号对应下限值;反之,若分类标准从小到大排,则该分类编号对应上限值。评判标准表默认采用系统推荐值,可以手工调整。其操作界面如图9.15所示。

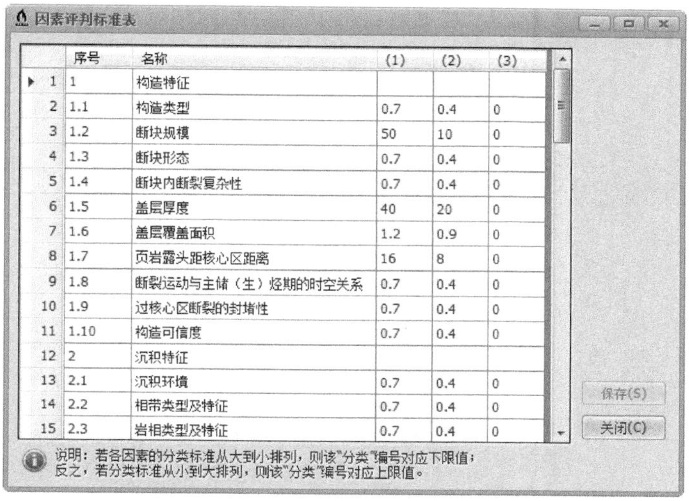

图 9.15　评判标准界面

9.3.4　二级模糊矩阵

　　计算二级模糊矩阵,需要手工点击"计算隶属度",系统会按照之前输入的因素集、评判表等信息进行自动测算,然后给出二级指标对应的结果(品质)。根据系统配置情况,计算过程可能需要等待,如图9.16所示。

图 9.16　二级模糊评判界面

待隶属度计算完毕后,用户可以在表格中查阅并确认三级分类及结果(图 9.17),确认无误后,点击“保存”按钮成功保存后的界面如图 9.18 所示。

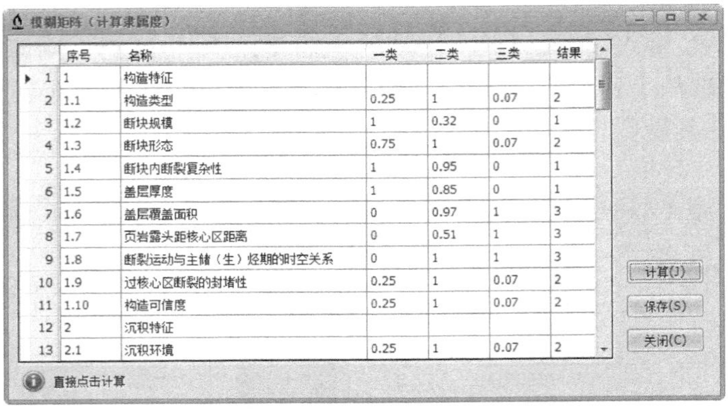

	序号	名称	一类	二类	三类	结果
1	1	构造特征				
2	1.1	构造类型	0.25	1	0.07	2
3	1.2	断块规模	1	0.32	0	1
4	1.3	断块形态	0.75	1	0.07	2
5	1.4	断块内断裂复杂性	1	0.95	0	1
6	1.5	盖层厚度	1	0.85	0	1
7	1.6	盖层覆盖面积	0	0.97	1	3
8	1.7	页岩露头距核心区距离	0	0.51	1	3
9	1.8	断裂运动与主储（生）烃期的时空关系	0	1	1	3
10	1.9	过核心区断裂的封堵性	0.25	1	0.07	2
11	1.10	构造可信度	0.25	1	0.07	2
12	2	沉积特征				
13	2.1	沉积环境	0.25	1	0.07	2

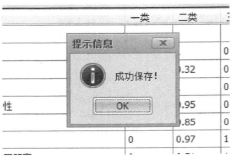

图 9.17　模糊矩阵

图 9.18　保存成功

9.3.5　二级判断结果

点击“模糊变换”按钮,系统根据之前参数进行测试,测算出一级指标结果(品质)。其操作界面如图 9.19 所示。

	序号	名称	一类	二类	三类	结果
1	1	构造特征	0.46	0.85	0.22	2
2	2	沉积特征	0.25	1	0.07	2
3	3	储层质量	0.61	0.89	0.32	2
4	4	流体特征	0.51	0.97	0.1	2
5	5	储量规模	0.2	0.86	0.72	2
6	6	气藏特征	0.65	0.77	0.14	2
7	7	生产特征	0.11	0.76	0.85	3
8	8	地理环境	0.02	0.89	0.94	3
9	9	开采工艺	0.25	1	0.07	2
10	10	地面工程	0	0.85	1	3

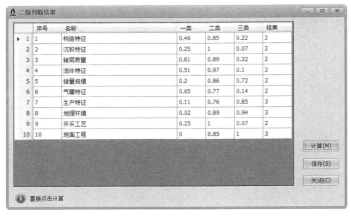

图 9.19　二级评判结果界面

9.3.6 一级权重表

系统默认采用内置的一级专家权重,用户可以手工修改权重值,修改完毕后必须点击保存按钮。权重值修改时必须满足单项权重和为1,小数点后最多支持10位小数。其操作界面如图9.20所示。

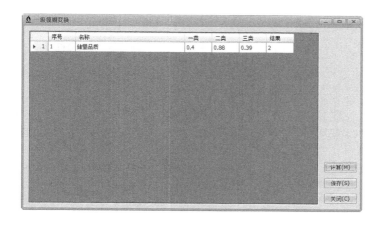

图9.20 一级权重界面

9.3.7 一级模糊变换

点击"模糊变换"按钮,系统根据二级计算矩阵、一级专家权重表进行测算,最后给出计算结果(即品质评价)。其操作界面如图9.21所示。

图9.21 一级模糊变换界面

9.3.8 评价结果

测算完毕后,点击"评价结果",可以查看软件的最终计算结果。其界面如图9.22所示。在界面直接给予了根据多级评判给出的结论。其中评价等级结论是根据计算数据对比内置的等级对应表得出。

图9.22 评价结果界面

在软件界面中,可以点击"导出结果到WORD"按钮,将评价结果导出到WORD文档中,以便报告分析,进一步使用。

9.4 页岩气开发方案经济评价

选定评价对象后,先对项目信息进行设置,再设置各类经济参数,通过录入各项财务数据后,软件自动进行运算,计算出经济评价中的各类指标,并将各指标值与系统内置行业各类推荐值进行对比,最终对项目是否可行给出推荐性意见,以供决策参考。经济评价项目功能组成如图9.23所示。

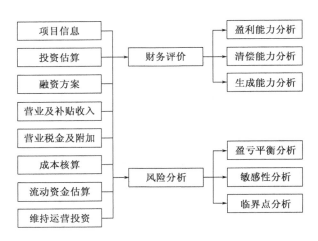

图9.23 经济评价项目功能组成

经济评价主界面如图 9.24 所示。经济评价主界面主要分为 4 个区域:财务分析区,主要用于用户录入各项财务数据;指标区,提供指标生成和导出;报表区,主要提供各类经济评价指标报表;可行性分析,提供盈亏平衡、敏感性分析等常规功能。

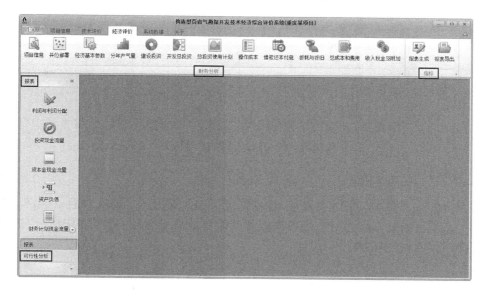

图 9.24　经济评价主界面

9.4.1　财务分析

1. 项目信息

根据项目(区块)实际参数在文本框中输入项目初始年、生产初始年、项目结束年,然后点击保存按钮。备注信息为选填。项目信息界面如图 9.25 所示。

图 9.25　项目信息界面

2. 井位部署方案

系统内置了一套井位部署方案,可使用"默认值"按钮调出数据,也可以根据项目情况,手工调整各项方案参数,修改后,需要点击"保存"按钮。其操作界面如图 9.26 所示。

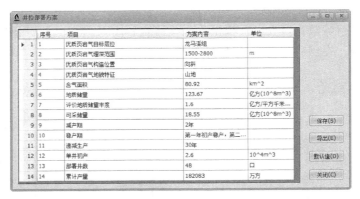

图 9.26　井位部署方案界面

3. 经济评价基本参数

经济评价参数采用了某实际项目作为示例项目,相关数据均来源此项目。经济评价默认值也参考了此项目所处环境。用户可根据实际情况更改各参数值,更改完毕后,点击"保存"按钮。其操作界面如图 9.27 所示。

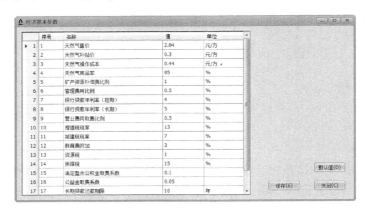

图 9.27　经济评价基本参数界面

4. 建设投资估算

根据项目实际投资情况填写勘探工程费用、开发工程费用,系统自动计算工程费用。同样地,分别将 2、3 中的小项排序后,系统自动计算小项合计和总的建设投资。根据各项费用的不同,系统自动将该项所占比例在最后一列中显示。填写完毕后,点击"保存"按钮。待系统反馈保存成功提示。其操作界面如图 9.28 所示。

5. 年产气量测算

根据项目部署方案,对项目周期内每年产量进行预测后,填写产量数据。在逐年填写气量后,系统会自动计算出生产期的总产量和年均产量,以供用户参考核实。点击"保存"按钮,待系统反馈保存成功提示。其操作界面如图 9.29 所示。

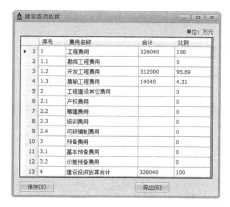

	序号	费用名称	合计	比例
1	1	工程费用	326040	100
2	1.1	勘探工程费用		0
3	1.2	开发工程费用	312000	95.69
4	1.3	集输工程费用	14040	4.31
5	2	工程建设其它费用		0
6	2.1	产权费用		0
7	2.2	筹建费用		0
8	2.3	培训费用		0
9	2.4	可研编制费用		0
10	3	预备费用		0
11	3.1	基本预备费用		0
12	3.2	价差预备费用		0
13	4	建设投资估算合计	326040	100

图 9.28　建设投资估算界面

序号	项目	2018	2019	2020	2021	2022
1	气量(万方)	44928	17971.2	15159.2	11476.39	9237.75

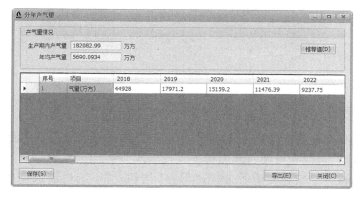

图 9.29　年产气量预测

6. 总投资及资产

在录入建设投资估算后，系统会根据建设投资计算建设期利息并根据相关参数计算流动资金，并归集固定资产、流动资产。如果数据有误，用户可以自行核实，并直接在总投资及资产中修改金额值（此处修改金额值，不影响经济参数中设置的比例）。其操作界面如图 9.30 所示。

	序号	费用名称	金额	比例(%)
1	1	建设投资	326040	97.36
2	2	建设期利息	5593.62	1.67
3	3	流动资金	3260.4	0.97
4	4	项目总投资	334894.02	100
5	5	项目资产		
6	5.1	油气资产	312000	
7	5.2	固定资产	19633.62	
8	5.3	流动资产	3260.4	

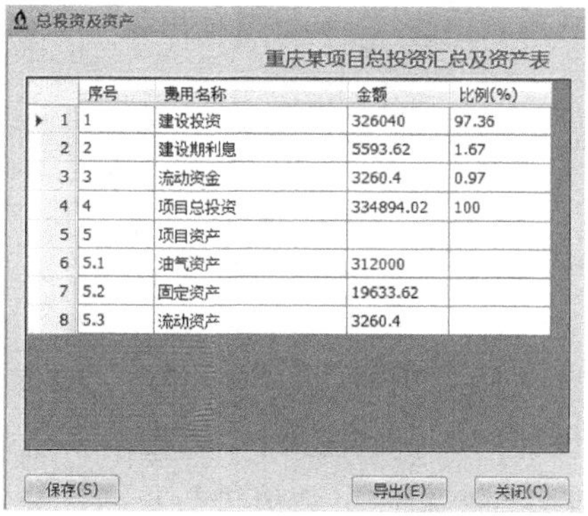

图 9.30　总投资汇总及资产界面

7. 总投资使用计划及资金筹措

项目生产期前，对项目总投资等信息按照年度分解，其合计值必须前后保持一致。数据通过校验后，才能成功保存。其操作界面如图 9.31 所示。

	序号	项目	2016	2017	合计
1	1	项目总投资	164854	170040	334894
2	1.1	建设投资	163020	163020	326040
3	1.2	建设期利息	1834	3760	5594
4	1.3	流动资金	0	3260	3260
5	2	项目资本金	89661	89661	179322
6	2.1	用于建设投资	89661	89661	179322
7	2.2	用于建设期利息	0	0	0
8	2.3	用于流动资金	0	0	0
9	3	债务资金	75193	80379	155572
10	3.1	用于建设投资	73359	73359	146718
11	3.2	用于建设期利息	1834	3760	5594
12	3.3	用于流动资金	0	3260	3260

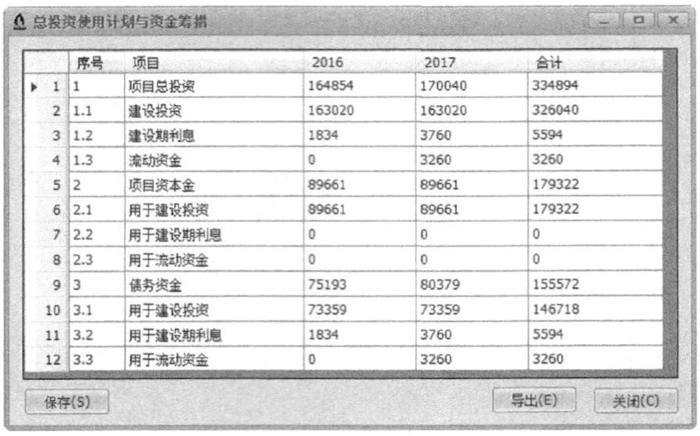

图 9.31　总投资汇总及资产界面

8. 操作成本估算

如果天然气商品率在生产期内逐年不同，可以在直接表格中输入各年商品率。同样，单位操作成本如果有变动，可以在重新核算面板中直接输入，再点击“重新核算”，系统会自动按照每年一个样本重新核算。核算完毕后，点击“保存”按钮，待系统反馈保存成功提示。其操作界面如图 9.32 所示。

序号	项目	2018	2019	2020	2021	2022
1	年产气量（万方）	44928	17971.2	15159.2	11476.39	9237.75
2	年天然气商品率（%）	95	95	95	95	95
3	单位操作成本（元/方）	0.44	0.44	0.44	0.44	0.44
4	年操作成本（万元）	18779.9	7511.96	6336.55	4797.13	3861.38

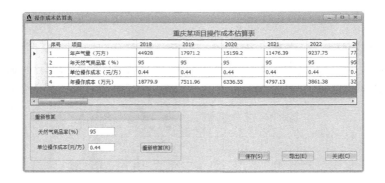

图 9.32　操作成本估算界面

9. 借款还本付息计划

在建设期费用、经济参数设置好后，系统会自动生成借款还本付息计划表。若参数发生变化，点击“重新核算”按钮，系统会根据新的参数值进行重新计算。如果未点击“重新核算”，表格中显示的是上次计算结果的缓存数据。其操作界面如图 9.33 所示。

图 9.33　借款还本付息计划

10. 折耗与折旧计算

折耗是指货物在运送、保存过程中,数量上的损失。折旧是指在固定资产使用寿命内,按照确定的方法对应计折旧额进行系统分摊。界面上可以由用户自行输入(灰色底色区域),也可以勾选"智能计算",由系统根据经济参数自动计算各年的油气折耗与固定资产的折旧。输入、调整完毕后,点击"保存"按钮。其操作界面如图 9.34 所示。

重庆某项目折耗与折旧计算表

	序号	项目	2018	2019	2020	2021	2022
1	1	油气资产折耗					
2	1.1	年初油气资产价值	312000	235016	204222	178247	158582
3	1.2	当期折耗	76984	30794	25975	19665	15829
4	1.3	年末油气资产净值	235016	204222	178247	158582	142753
5	2	固定资产折旧					
6	2.1	年初固定资产原值	19634	14789	12851	11216	9979
7	2.2	当期折旧	4845	1938	1635	1237	996
8	2.3	年末固定资产净值	14789	12851	11216	9979	8983

图 9.34　折耗与折旧计算界面

11. 总成本和费用估算

总成本和费用,主要是指在经营期内为生产产品或提供服务所发生的全部费用,等于经营成本与折旧费、摊销费和财务费用之和。如果数据有变动,务必点击"重新核算",并点击"保存"按钮,待系统反馈保存成功提示。其操作界面如图 9.35 所示。

12. 营业收入和营业税金及附加估算

系统自动根据前期数据和相关参数设置自动计算。如果数据有变动,务必点击"重新核算",并点击"保存"按钮,待系统反馈保存成功提示。其操作界面如图 9.36 所示。

图 9.35　总成本和费用估算

图 9.36　营业收入和营业税金及附加估算界面

9.4.2　财务数据输出

1.利润与利润分配

系统自动根据前期数据和相关参数设置自动计算。如果数据有变动,务必点击"重新核算",并点击"保存"按钮,待系统反馈保存成功提示。其数据表格界面如图 9.37 所示。

2.项目投资现金流量

系统自动根据前期数据和相关参数设置自动计算。如果数据有变动,务必点击"重新核算",并点击"保存"按钮,待系统反馈保存成功提示。其数据表格界面如图 9.38 所示。

3.资产负债

系统自动根据前期数据和相关参数设置自动计算。如果数据有变动,务必点击"重新核算",并点击"保存"按钮,待系统反馈保存成功提示。其数据表格界面,如图 9.39 所示。

序号		项目	2018	2019	2020	2021	202
1	1	营业收入	121215.74	48486.3	40899.52	30963.3	2492
2	2	营业税金及附加	2787.96	1115.19	940.7	712.16	573.
3	3	总成本费用	108671.68	47544.9	40486.34	31477.73	2570
4	4	补贴收入	12804.48	5121.79	4320.37	3270.77	2632
5	4.1	年产气量（万方）	44928	17971.2	15159.2	11476.39	9237
6	4.2	年天然气商品率（%）	95	95	95	95	95
7	4.3	补贴单价（元/方）	0.3	0.3	0.3	0.3	0.3
8	5	利润总额（1-2-3+4）	22560.58	4948	3792.85	2044.18	1279
9	6	弥补前年度亏损额	0	0	0	0	0
10	7	应纳税所得额	22560.58	4948	3792.85	2044.18	1279
11	8	所得税	3384.09	742.2	568.93	306.63	191.
12	9	净利润（5-8）	19176.49	4205.8	3223.92	1737.55	1087
13	10	年初未分配利润	0	16300.02	17429.95	17555.79	1639

图 9.37 总投资汇总及资产界面

序号		项目	2016	2017	2018	2019	2020	202
1	1	现金流入			134020.22	53608.09	45219.89	342
2	1.1	产品营业收入			121215.74	48486.3	40899.52	309
3	1.2	回收固定资产余值			0	0	0	0
4	1.3	回收流动资金			0	0	0	0
5	1.4	补贴收入			12804.48	5121.79	4320.37	327
6	2	现金流出	164854	170040	21884.81	8944.1	7594.2	582
7	2.1	建设投资	163020	163020				
8	2.2	建设期利息	1834	3760				
9	2.3	流动资金	0	3260				
10	2.4	经营成本费用			19096.85	7828.91	6653.5	511
11	2.5	营业税金及附加			2787.96	1115.19	940.7	712
12	3	所得税前净现金流量(1-2)	-164854	-170040	112135.41	44663.99	37625.69	284

图 9.38 项目投资现金流量界面

序号		项目	2016	2017	2018	2019	2020
1	1	资产	164854	170040	338839.69	324937.82	309854.67
2	1.1	在建工程	164854	170040			
3	1.2	油气资产净值			235016	204222	178247
4	1.3	固定资产净值			7746.02	6984.46	6222.9
5	1.4	流动资产			3260.4	3260.4	3260.4
6	1.5	其它盈余资金	0	0	92817.27	110470.96	122124.37
7	2	负债及所有者权益	164854	170040	338839.69	324937.82	309854.67
8	2.1	负债	75193	80379	140341.2	125110	109878.8
9	2.1.1	期末借款余额	75193	80379	140341.2	125110	109878.8
10	2.2	所有者权益	89661	89661	198498.49	199827.82	199975.87
11	2.2.1	资本金	89661	89661	179322	179322	179322
12	2.2.2	法定盈余公积金			1917.65	2050.58	2065.39
13	2.2.3	公益金			958.82	1025.29	1032.69
14	2.2.4	期末分配利润			16300.02	17429.95	17555.79

图 9.39 资产负债界面

4. 财务计划现金流量

系统自动根据前期数据和相关参数设置自动计算。如果数据有变动,务必点击"重新核算",并点击"保存"按钮,待系统反馈保存成功提示。其数据表格界面,如图9.40所示。

图9.40 财务计划现金流量界面

5. 主要经济指标

系统自动根据前期数据和相关参数设置自动计算。如果数据有变动,务必点击"重新核算",并点击"保存"按钮,待系统反馈保存成功提示。可以通过是否勾选"回收期含建设期",分别显示不同的回收期年限。其指标数据表格界面如图9.41所示。

图9.41 主要经济指标界面

6. 评价结论

在指标计算完毕后,可以查看经济评价的最终计算结果与行业相关值对比的评价。系统根据系统推荐值的设置标准,进行自动匹配,并给予评价结论。如果参数有变动,则需要点击"重新评价"按钮,否则数据表格显示的为上一次评价的缓存数据。其指标数据表格界面如图9.42所示。

7. 盈亏平衡分析

盈亏平衡分析是通过盈亏平衡点分析项目成本与收益的平衡关系的一种方法。软件中内置的不确定因素为总收入、固定成本、变动成本、总成本4项因素,分析4项不确定因素的变化对投资方案的经济效果的影响。其数据表格和图形展示如图9.43所示。

图9.42　评价结论界面

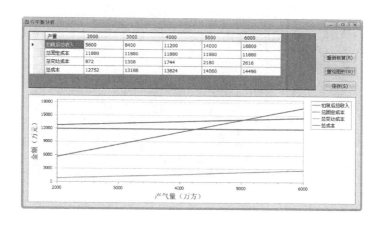

图9.43　盈亏分析界面

8. 敏感性分析

敏感性分析是指系统自动选取建设投资、产品价格、经营成本作为不确定性因素,按照变化率为±20%、±15%、±10%、±5%变动,通过分析和测算这些因素对项目经济效益指标的影响程度和敏感性程度,进而判断项目承受风险能力的一种不确定性分析能力。其数据表格和图形展示如图9.44所示。

9. 报表自动计算

为了减少用户手工操作量,在完成财务数据分析后,可以直接使用指标选项卡中的报表自动计算功能。报表自动计算界面,如图9.45所示。

点击"自动计算"后,"开始计算"按钮会变为灰色,系统启动运行,运行进度会在提示框(黑底白字区域)中显示。计算过程提示界面如图9.46所示。

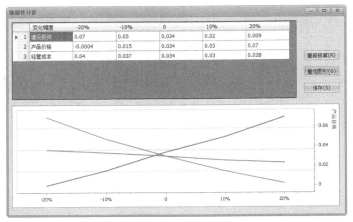

图 9.44　敏感性分析界面

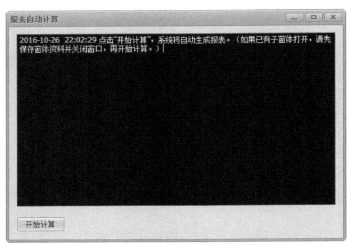

图 9.45　报表自动计算

图 9.46　报表自动计算

10. 报表导出

在系统运行完成后,可以使用报表导出功能。该功能可以将财务分析数据、财务报表等各项数据全部导出到 Excel 中,方便用户进一步分析使用。数据导出界面如图 9.47 所示。导出的 Excel 文件默认包括了 19 张数据表格,每个数据表格对应 Excel 中的一个工作表(sheet),如图 9.48 所示。

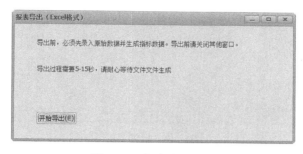

图 9.47　报表导出界面

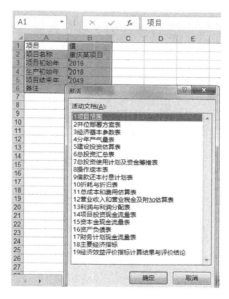

图 9.48　经济评价报表全部工资表

9.5　数据和用户管理

9.5.1　数据备份与恢复

数据库备份与恢复是指手工对系统数据库进行备份或恢复。备份的数据库文件可以保存到其他地方存储。例如,利用其他外部物理介质存储,确保数据安全,防止数据丢失。

1. 数据备份

软件系统提示用户手工对数据库进行备份,以便计算机在遇到系统重装或其他不可预料问题时,进行数据恢复。数据库备份界面如图9.49所示。

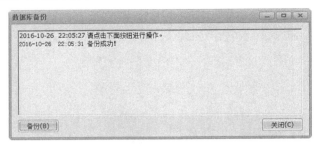

图9.49　数据备份

2. 数据恢复与清除

在数据恢复界面中,系统会自动读取默认的备份文件夹,如果该文件夹中有备份文件的话,界面会自动列出备份文件。选中备份文件,然后点击"数据恢复"按钮,即可恢复数据库。其操作界面如图9.50所示。

图9.50　数据恢复

当备份数据库文件太多时,可以使用清除备份文件功能。清除备份文件时,最近7天内备份的文件不能删除。

3. 数据导出

备份的数据库可以导出至其他盘,或者用其他物理存储介质(如U盘、移动硬盘)保存。

选择要保存的文件路径及备份文件名称,然后点击"保存"即可。数据格式为.mdb(Access 格式),测算数据会保存在该文件中。如果测算数据需要保密,请自行注意数据保密。

9.5.2 用户管理

1.用户列表

对于单机版用户来说,不同用户可以管理不同项目。为了项目区分和管理方便,可以添加多个用户,分别进行项目技术和经济评价。

2.新建用户

新建用户时,按照界面分别输入用户名、密码、真实姓名等信息,密码长度为 6 ~ 12 个字符,一般为英文字母和数字的组合。其操作界面如图9.51 所示。

图 9.51　新建用户

3.修改密码

修改密码时,需要对当前用户和密码进行双向校验,输入新密码和确认密码,通过校验后,系统会保存新密码。下次登录时,需要使用新密码。其操作界面如图 9.52 所示。

图 9.52　密码修改界面

参 考 文 献

鲍学英,赵延龙,2009.基于实物期权法的项目经济评价研究[J].兰州交通大学学报,28(3):22-24.

白新华,罗群,1998.断层封闭性评价研究[J].大庆石油学院学报,22(1):89-92.

陈明奇,杜燕,赵静,2013.页岩气行业建设项目基准收益率测算[J].天然气技术与经济,2013,2:68-7.

陈一鹤,2015.非常规天然气藏开发成本问题研究[J].中州煤炭,1:107-111.

单阳威,2014.上扬子地区下志留统页岩气经济评价:以咸丰—黔江—酉阳一带为例[D].成都:成都理工大学.

付广,李凤君,1998.断层侧向封闭性与垂向封闭性关系分析[J].大庆石油地质与开发,17(2):6-9.

葛楠,2015.页岩气储量评价方法[J].山西科技,30(1):69-72.

郭彤楼,张汉荣,2014.四川盆地焦石坝页岩气田形成于富集高产模式[J].石油勘探与开发,41(1):28-36.

国家发展和改革委员会,建设部,2006.建设项目经济评价方法与参数[M].3版.北京:中国计划出版社.

胡昌蓬,徐大喜,2012.页岩储层评价因素研究[J].天然气与石油,30(5):38-42.

胡东风,张汉荣,倪楷,等,2014.四川盆地东南缘海相页岩气保存条件及其主控因素[J].天然气工业,34(6):17-23.

贺鹏,2015.浅析页岩气地面工程建设[J].化学工程与装备,4:151-152,169.

贺娟萍,2014.煤矿区煤层气地面抽采项目经济评价研究[D].西安:西安科技大学.

靳平平,欧成华,马中高,等,2018.蒙脱石与相关黏土矿物的演变规律及其对页岩气开发的影响[J].石油物探,57(3):344-355.

蒋裕强,董大忠,漆麟,等,2010.页岩气储层的基本特征及其评价[J].天然气工业,30(10):7-12.

姜福杰,庞雄奇,欧阳学成,等,2012.世界页岩气研究概况及中国页岩气资源潜力分析[J].地学前缘,2012,19(2):198-211.

姜在兴,2003.沉积学[M].北京:石油工业出版社:5-10.

匡建超,2006.石油勘探开发集成化经济评价系统研究[D].成都:成都理工大学.

李丹,欧成华,马中高,等,2018.黄铁矿与页岩的相互作用及其对页岩气富集与开发的意义[J].石油物探,57(3):332-343.

李武广,2011.页岩气开发目标区优选体系与评价方法[J].开发工程,31(4):1-4.

李金柱,李双林,2003.岩石力学参数的计算及应用[J].测井技术,27(增刊):15-18.

罗萍,2009.油气开发项目经济评价方法与参数修订的几点建议[J].内蒙古石油化工,(2).

梁超,姜在兴,杨镱婷,等,2012.四川盆地五峰组—龙马溪组页岩岩相及储集空间特征[J].石油勘探与开发,39(6):691-698.

刘超英,2013.页岩气勘探选区评价方法探讨[J].石油实验地质,35(5):564-569.

刘国发,2013.钻井井场建设选址原则及工作程序[J].山西建筑,8:56-57.

刘玉婷,2012.中外页岩气评价标准之比较研究[D].荆州:长江大学.

刘清志,王婷,窦吉芳,2012.非常规油气资源经济评价研究[J].河南科学,30(10).

刘清志,2007.项目跟踪经济评价及案例分析[J].石油化工技术经济,5(10).

刘泽容,等,1998.断块群油气藏形成机理和构造模式[M].北京:石油工业出版社.

刘晓君,2013.技术经济学[M].2版.北京:科学出版社.

欧成华,陈景山,1998a.大芦家地区渐新统东二 1 亚段典型三角洲前缘微相及储集性研究[J].沉积学报,16(4):85-90.

欧成华,陈景山,1998b.砂体分类评价的模糊综合评判[J].西南石油学院学报,20(3):7-11.

欧成华,陈景山,1999a.大芦家地区东二1亚段典型三角洲前缘微相纵横向分布研究[J].西南石油学院学报, 21(2):28-31.

欧成华,陈景山,1999b.沉积相定量识别中的层次分析方法[J].石油与天然气地质,20(3):255-259.

欧成华,刘瑞兰,夏宏泉,2006.基于开发动态资料的断裂核实与校正[J],断块油气藏,13(3):23-25.

欧成华,李传浩,吴清玉,2007.乌尔禾油田中三叠统克上组储层表征方法研究[J].西南石油学院学报, 29(2):85-89.

欧成华,唐海,夏宏泉,等,2011.我国典型陆相特低渗油藏的系统表征方法[J].地质科技情报,30(2):78-84.

欧成华,陈伟,韩耀祖,等,2016a.扎格罗斯盆地 Buzurgan 背斜斜向逆冲断裂褶皱几何解析及运动学模拟[J]. 地球科学,41(3):385-393.

欧成华,陈伟,李朝纯,等,2016b.扎格罗斯山前 Fauqi 背斜滑脱生长褶皱的构造几何解析与模拟[J].中国科学, 46(9):1265-1277.

欧成华,王星,康安,等,2016c.中东碳酸盐岩油气藏地质[M].北京:科学出版社.

欧成华,李朝纯,2017.页岩岩相表征及页理缝三维离散网络模型[J].石油勘探与开发,44(2):1-10.

欧成华,2018.构造型页岩气富集成藏模式[C].中国第十届油气层序地层学与沉积储层大会分组报告,中国,杭州.

蒲泊伶,2008.四川盆地页岩气成藏条件分析[D].北京:中国石油大学.

潘王海,2012.石油项目经济效益评价系统研究[D]天津:天津大学.

潘楠,2014.低碳经济条件下大型工业项目经济评价方法研究[D].北京:首都经济贸易大学.

高倩,2008.气田开发投资经济评价方法研究[D].北京:中国石油大学.

苏文栋,康建涛,胡涛,等,2013.页岩气完井工艺方式的选择[J].中国石油和化工标准与质量,3:106.

涂乙,邹海燕,孟海平,等,2014.页岩气评价标准与储层分类[J].石油与天然气地质,35(1):153-158.

谭淋耘,徐姚,李大华,等,2015.页岩气成藏主控因素与成藏模式研究:以渝东南地区五峰组-龙马溪组为例[J]. 地质科技情报,34(3):126-132.

唐相路,姜振东,张莺莺,等,2015.渝东南地区页岩气富集区差异性分布成因[J].西安石油大学学报(自然科学版),30(3):24-35.

魏志红,2015.四川盆地及其周缘五峰组-龙马溪组页岩气的晚期逸散[D].石油与天然气地质,36(4):660-665.

王雅春,石荣,2007.影响油气勘探经济评价的主控因素[J].特种油气藏,14(4).

王社教,杨涛,张国生,2012.页岩气主要富集因素与核心区选择及评价[J].中国工程科学,14(6):94-100.

王世谦,王书彦,满玲,2013.页岩气选取评价方法与关键参数[J].成都理工大学(自然科学版),40(6):609-620.

肖汉,2014.软件工程与项目管理[M].北京:清华大学出版社.

徐金泉,建设部标准定额研究所,2004.建设项目经济评价参数研究[M].北京:中国计划出版社.

岩田刚一,2004.石油开发项目的经济评价和风险[J].国外油田工程,(4):13-16.

杨萍,朱玲利,程爱琳,2013.我国页岩气投资风险分析[J].中外企业家,9:15-17.

袁玲,2009.采气方式选择及生产参数优化[D].中国石油大学:7-12.

闫建萍,张同伟,李艳芳,等,2013.页岩有机质特征对甲烷吸附的影响[J].煤炭学报,38(5):805-811.

雍海燕,2016.构造型页岩气储量品质综合评价技术研究[D].成都:西南石油大学.

邹才能,董大忠,王玉满,等,2015.中国页岩气特征、挑战及前景(一)[J].石油勘探与开发,42(6):689-701.

赵乐强,宗国洪,郭元岭,等,2002.我国油气勘探经济评价面临问题的探讨[J].石油地质与采收率,9(1):17-20.

张跃磊,李大华,郭东鑫,2015.页岩气储层压裂改造技术综述[J].非常规油气,1:76-82.

张绍臣,靳丹丹,陈新,2011.断层封闭性研究中的问题及应对策略浅析[J].科学技术与工程,11(20):4857-4861.

朱华,姜文利,边瑞康,等2009.页岩气资源评价方法体系及其应用:以川西坳陷为例[J].天然气工业,29(12):130-134.

中国石油天然气集团公司,2007.油气勘探开发建设项目经济评价方法与参数[Z].3版.

中华人民共和国增值税暂行条例(2008年11月5日国务院第34次常务会议修订通过)[Z].2009.

国土资源部矿产资源储量评审中心石油天然气专业办公室,中国石油天然气股份有限公司,中国石油化工股份有限公司,等,2014.DZ/T 0254—2014 页岩气资源/储量计算与评价技术规范[Z].

中国石化胜利油田地质科学研究院,2012.SY/T 5970—2012 复杂断块油田开发方案编制技术要求[Z].

中华人民共和国住房和城乡建设部,2010.石油建设项目经济评价方法与参数[M].北京:中国计划出版社

Bowker K A,2007. Barnett shale gas production, Fort Worth Basin: Issues and discussion[J]. AAPG Bulletin, 91(4): 523-533.

Carlson E S,1994. Characterization of Devonian shale gas reservoirs using coordinated single well analytical models[C]. SPE Eastern Regional Meeting, SPE 29199.

Chen S F, Wilson C J L, Luo Z L, et al,1994. The evolution of the western Sichuan foreland basin, southwestern China[J]. Journal of Southeast Asian Earth Sciences, 10(3-4): 159-168.

Curtis J B,2002. Fractured shale-gas systems[J]. AAPG Bulletin, 86(11): 1921-1938.

Dai J, Zou C, Liao S, et al,2014. Geochemistry of the extremely high thermal maturity Longmaxi shale gas, southern Sichuan Basin[J]. Organic Geochemistry, 74: 3-12.

David G, Lombardi T E, Martin J P,2004. Fractured shale gas potential in New York[J]. Northeastern Geology and Environmental Sciences, 26(1/2): 57-78.

EIA, 2015. World Shale Resource Assessments. www.eia.gov/analysis/studies/ worldshalegas/.

Frantz J, Fairchild N, Dube H G, et al,2000. Evaluating reservoir production mechanisms and hydraulic fracture geometry in the Lewis shale[C]. San Juan Basin, In SPE/CERI gas technology symposium:121-128.

Gautier D L, Dolton G L, Takahashi K I, et al,1996. 1995 National Assessment of United States Oil and Gas Resources: Results, Methodology, and Supporting Data (No. 30)[C]. Geological Survey (US).

Gaudlip A W, Paugh L O, Hayes T D,2008. Marcellus shale water management challenges in Pennsylvania[C]. Society of Petroleum Engineers Paper, SPE119898.

Guo X, Hu D, Li Y, et al,2014. Geological features and reservoiring mode of shale gas reservoirs in Longmaxi Formation of the Jiaoshiba Area[J]. Acta Geologica Sinica (English Edition), 88(6): 1811-1821.

Hickey J J, Henk B,2007. Lithofacies summary of the Mississippian Barnett Shale, Mitchell 2 TP Sims well, Wise County, Texas[J]. AAPG Bulletin, 91(4): 437-443.

Hill D G, Nelson C R,2000. Reservoir properties of the Upper Cretaceous Lewis Shale, a new natural gas play in the San Juan Basin[J]. AAPG Bulletin, 84(8): 1240.

Hill R J, Zhang E, Katz B J, et al,2007. Modeling of gas generation from the Barnett shale, Fort Worth Basin, Texas[J]. AAPG Bulletin, 91(4): 501-521.

Jarvie D M, Hill R J, Ruble T E,et al,2007. Unconventional shale gas systems: the Mississippian Barnett Shale of north central Texas as one model for thermogenic shale gas assessment[J]. AAPG Bulletin, 91(4): 475-499.

Laubach S E,1992. Fracture networks in selected Cretaceous sandstones of the Green River and San Juan basins, Wyoming, New Mexico, and Colorado[C]. Geological studies relevant to horizontal drilling in western North America: Rocky Mountain Association of Geologists: 61-74.

Li Chaochun, Ou Chenghua, 2018. Modes of shale – gas enrichment controlled by tectonic evolution[J]. Acta Geologica Sinica(English Edition), 92(5): 1934 – 1947.

Li Chaochun, Ou Chenghua, 2019. Technical recoverable volume quality evaluation of the offshore faulted block oilfields, determined by two – level fuzzy hierarchy technique [J]. Journal of Petroleum Science and Engineering, 178 :27 – 40.

Liao C N, 2011. Fuzzy analytical hierarchy process and multi – segment goal programming applied to new product segmented under price strategy[J]. Computers & Industrial Engineering, 61(3): 831 – 841.

Liang C, Jiang Z, Yiting Y, et al, 2012. Shale lithofacies and reservoir space of the Wufeng – Longmaxi Formation, Sichuan Basin, China[J]. Petroleum Exploration and Development, 39(6): 736 – 743.

Liang C, Jiang Z, Zhang C, et al, 2014. The shale characteristics and shale gas exploration prospects of the Lower Silurian Longmaxi shale, Sichuan Basin, South China[J]. Journal of Natural Gas Science and Engineering, 21: 636 – 648.

Lorenz J C, Cooper S P, 2003. Tectonic setting and characteristics of natural fractures in Mesaverde and Dakota reservoirs of the San Juan Basin[J]. New Mexico Geology, 25(1): 3 – 14.

Loucks R G, Ruppel S C, 2007. Mississippian Barnett Shale: Lithofacies and depositional setting of a deep – water shale – gas succession in the Fort Worth Basin, Texas[J]. AAPG Bulletin, 91(4): 579 – 601.

Magoon L B, Dow W G, 1994. The Petroleum System: Chapter 1: Part I. Introduction[M]. AAPG Memoir:3 – 24.

Martineau D F, 2007. History of the Newark East field and the Barnett Shale as a gas reservoir[J]. AAPG Bulletin, 91(4): 399 – 403.

Montgomery S L, Jarvie D M, Bowker K A, et al, 2005. Mississippian Barnett Shale, Fort Worth basin, north – central Texas: Gas – shale play with multi-trillion cubic foot potential[J]. AAPG Bulletin, 89(2): 155 – 175.

Ou Chenghua, Chen Wei, Ma Zhonggao, 2015. Quantitative identification and analysis of sub—seismic extensional structure system: technique schemes and processes [J]. Journal of Geophysics And Engin – eering, 12: 502 – 514.

Ou Chenghua, 2016. Technique improves exploration, exploitation offshore Myanmar[J]. Oil & Gas Journal, 114: 56 – 61.

Ou Chenghua, Ray Rui, Li Chaochun, et al, 2016a. Multi – index and two – level evaluation of shale gas reserve quality[J]. Journal of Natural Gas Science and Engineering, 35:1139 – 1145.

Ou Chenghua, Chen W, Li Chaochun, 2016b. Using structure restoration maps to comprehensively identify potential faults and fractures in compressional structures[J]. Journal of Central South University, 23: 677 – 684.

Ou Chenghua, Wang Xiaolu, Li Chaochun, et al, 2016c. Three – Dimensional Modelling of a Multi – Layer Sandstone Reservoir:The Sebei Gas Field, China[J]. Acta Geologica Sinica (English Edition), 90(1): 801 – 840.

Ou Chenghua, Li Chaochun, Ma Zhonggao, 2016d. 3D Modeling of Gas/Water Distribution in Water – Bearing Carbonate Gas Reservoirs: The Longwangmiao Gas Field, China[J]. Journal of Geophysics And Engineering, 13: 745 – 757.

Ou Chenghua, Li Chaochun, Huang Shiyuan, et al, 2017. Fine reservoir structure modeling based upon 3D visualized stratigraphic correlation between horizontal wells: methodology and its application [J]. Journal of Geophysics and Engineering, 14: 1557 – 1571.

Ou Chenghua, Li Chaochun, Zhi Dongming, et al, 2018a. Coupling accumulation model with gas – bearing features to evaluate low – rank coalbed methane resource potential in the southern Junggar Basin, China[J]. AAPG Bulletin, 102(1): 153 – 174.

Ou Chenghua, Li Chaochun, Huang Shiyuan, et al, 2018b. Three – dimensional discrete network modeling of structural fractures based on the geometric restoration of structure surface: methodology and its application[J]. Journal of Petroleum Science and Engineering, 161: 417 – 426.

Ou Chenghua, Li Chaochun, Rui Zhenhua, et al,2018c. Lithofacies distribution and gas – controlling characteristics of the Wufeng – Longmaxi black shales in the southeastern region of the Sichuan Basin, China[J]. Journal of Petroleum Science and Engineering, 165: 269 – 283.

Ou Chenghua, Li Chaochun , Huang Siyuan, et al,2019. Remigration and leakage from continuous shale reservoirs: insights from the Sichuan Basin and its periphery, China[J], AAPG Bulletin, 103(8):2009 – 2030.

Peterson J A, Loleit A J, Spencer C W, et al,1968. Sedimentary History and Economic Geology of San Juan Basin[C]. New Mexico and Colorado: 186 – 231.

Pollastro R M,2007. Total petroleum system assessment of undiscovered resources in the giant Barnett Shale continuous (unconventional) gas accumulation, Fort Worth Basin, Texas[J]. AAPG Bulletin, 91(4): 551 – 578.

Pollastro R M, Jarvie D M, Hill R J, et al,2007. Geologic framework of the Mississippian Barnett Shale, Barnett – Paleozoic total petroleum system, Bend archFort Worth Basin, Texas[J]. AAPG Bulletin, 91(4): 405 – 436.

Saaty T L,1990. How to make a decision: the analytic hierarchy process [J]. European Journal of Operational Research, 48(1): 9 – 26.

Saaty T L,2008. Decision making with the analytic hierarchy process[J]. International Journal of Services Sciences, 1(1): 83 – 98.

Schmoker J W,2005. US Geological Survey assessment concepts for continuous petroleum accumulations[J]. US Geological Survey, 1: 1 – 9.

Song B, Economides M J, Ehlig – Economides, C,2011. Design of multiple transverse fracture horizontal wells in shale gas reservoirs[C]. SPE Hydraulic Fracturing Technology Conference, SPE 140555.

Sondergeld C H, Newsham K E, Comisky J T, et al,2010. Petrophysical considerations in evaluating and producing shale gas resources[C]. SPE131768.

Tuo J, Wu C, Zhang M,2016. Organic matter properties and shale gas potential of Paleozoic shales in Sichuan Basin, China[J]. Journal of Natural Gas Science and Engineering, 28: 434 – 446.

Walper J L,1982. Plate tectonic evolution of the Fort Worth Basin//Martin C A. Petroleum geology of the Fort Worth Basin and Bendarch area[J]. Dallas Geological Society, 237 – 251.

Yan D P, Zhou M F, Song H L, et al,2003. Origin and tectonic significance of a Mesozoic multi – layer over – thrust system within the Yangtze Block (South China) [J]. Tectonophysics, 361(3): 239 – 254.

Yan J F, Men Y P, Sun Y Y, et al,2016. Geochemical and geological characteristics of the Lower Cambrian shales in the middle – upper Yangtze area of South China and their implication for the shale gas exploration[J]. Marine and Petroleum Geology, 70: 1 – 13.

Zeng W, Zhang J, Ding W, et al,2013. Fracture development in Paleozoic shale of Chongqing area (South China). Part one: Fracture characteristics and comparative analysis of main controlling factors[J]. Journal of Asian Earth Sciences, 75: 251 – 266.

Zou Caineng, Tao Shizhen, Yuan Xuanjun, et al,2009. Global importance of "continuous" petroleum reservoirs: Accumulation, distribution and evaluation[J]. Petroleum Exploration and Development, 36(6): 669 – 682.

Zou Caineng, Tao Shizhen, Yang zhi, et al,2013. Development of petroleum geology in China: Discussion on continuous petroleum accumulation[J]. Journal of Earth Science, 24: 796 – 803.

附表1 重庆某区块开发总投资使用计划与资金筹措表

单位：万元

序号	项目名称	建设期		合计
		2016	2017	
1	项目总投资	164854	170040	334894
1.1	建设投资	163020	163020	326040
1.2	建设期利息	1834	3760	5594
1.3	流动资金	0	3260	3260
2	项目资本金	89661	89661	179322
2.1	用于建设投资	89661	89661	179322
2.2	用于建设期利息	0	0	0
2.3	用于流动资金	0	0	0
3	债务资金	75193	80379	155572
3.1	用于建设投资	73359	73359	146718
3.2	用于建设期利息	1834	3760	5594
3.3	用于流动资金	0	3260	3260

附表2 重庆某区块开发总成本和费用估算表

单位：万元

序号	项目	建设期		生产期														
		16	17	18	19	20	21	22	23	24	25	26	27	28	29	30	31	32
1	生产成本			100609	40244	33947	25699	20686	17314	14888	13060	11631	10484	9544	8759	8093	7520	7024
1.1	操作成本			18780	7512	6337	4797	3861	3232	2779	2438	2171	1957	1781	1635	1511	1404	1311
1.2	折耗			76984	30794	25975	19665	15829	13248	11392	9993	8900	8022	7303	6702	6192	5754	5375
1.3	折旧			4845	1938	1635	1237	996	834	717	629	560	505	460	422	390	362	338
2	管理费用			231	231	231	231	231	231	231	231	231	231	231	231	231	231	231
2.1	矿产资源补偿费			154	154	154	154	154	154	154	154	154	154	154	154	154	154	154
2.3	其他管理费			77	77	77	77	77	77	77	77	77	77	77	77	77	77	77
3	财务费用			7746	6984	6223	5461	4699	3938	3176	2415	1653	892	130	130	130	130	130
3.1	长期借款利息			7616	6854	6093	5331	4569	3808	3046	2285	1523	762	0	0	0	0	0
3.2	流动资金借款利息			130	130	130	130	130	130	130	130	130	130	130	130	130	130	130
4	营业费用			77	77	77	77	77	77	77	77	77	77	77	77	77	77	77
5	总成本费用			108663	47536	40478	31468	25693	21560	18372	15783	13592	11684	9982	9197	8531	7958	7462
5.1	固定成本			89652	39793	33910	26440	21601	18097	15362	13114	11190	9496	7970	7331	6789	6323	5920
5.2	可变成本			19011	7743	6568	5028	4092	3463	3010	2669	2402	2188	2012	1866	1742	1635	1542
6	经营成本费用			19088	7820	6645	5105	4169	3540	3087	2746	2479	2265	2089	1943	1819	1712	1619

序号	项目	建设期		生产期														
		33	34	35	36	37	38	39	40	41	42	43	44	45	46	47	48	49
1	生产成本	6589	6205	5862	5557	5281	5031	4804	4597	4407	4232	4070	3920	3781	3652	3530	3417	3310
1.1	操作成本	1230	1158	1094	1037	986	939	897	858	823	790	760	732	706	682	659	638	618
1.2	折耗	5042	4748	4486	4252	4041	3850	3676	3518	3372	3238	3114	2999	2893	2794	2701	2614	2534
1.3	折旧	317	299	282	268	254	242	231	221	212	204	196	189	182	176	170	165	158
2	管理费用	231	231	231	231	231	231	231	231	231	231	231	231	231	231	231	231	231
2.1	矿产资源补偿费	154	154	154	154	154	154	154	154	154	154	154	154	154	154	154	154	154

序号	项目	建设期		生产期														
		33	34	35	36	37	38	39	40	41	42	43	44	45	46	47	48	49
2.3	其他管理费	77	77	77	77	77	77	77	77	77	77	77	77	77	77	77	77	77
3	财务费用	130	130	130	130	130	130	130	130	130	130	130	130	130	130	130	130	130
3.1	长期借款利息	0	0	0	0	0	0	0	0	0	0	0	0	0	0	0	0	0
3.2	流动资金借款利息	130	130	130	130	130	130	130	130	130	130	130	130	130	130	130	130	130
4	营业费用	77	77	77	77	77	77	77	77	77	77	77	77	77	77	77	77	77
5	总成本费用	7027	6643	6300	5995	5719	5469	5242	5035	4845	4670	4508	4358	4219	4090	3968	3855	3748
5.1	固定成本	5566	5254	4975	4727	4502	4299	4114	3946	3791	3649	3517	3395	3282	3177	3078	2986	2899
5.2	可变成本	1461	1389	1325	1268	1217	1170	1128	1089	1054	1021	991	963	937	913	890	869	849
6	经营费用	1538	1466	1402	1345	1294	1247	1205	1166	1131	1098	1068	1040	1014	990	967	946	926

附表3　重庆某区块开发操作成本估算表

单位:万元

序号	项目	建设期		生产期													
		16	17	18	19	20	21	22	23	24	25	26	27	28	29	30	31	32
1	年产气量($10^4\,m^3$)			44928	17971.2	15159.2	11476.39	9237.75	7731.53	6648.31	5831.66	5193.86	4681.92	4261.91	3911.09	3613.66	3358.29	3136.64
2	年天然气商品率(%)			95	95	95	95	95	95	95	95	95	95	95	95	95	95	95
3	单位操作成本(元/m^3)			0.44	0.44	0.44	0.44	0.44	0.44	0.44	0.44	0.44	0.44	0.44	0.44	0.44	0.44	0.44
4	年操作成本(万元)			18780	7512	6337	4797	3861	3232	2779	2438	2171	1957	1781	1635	1511	1404	1311

序号	项目	建设期		生产期													
		33	34	35	36	37	38	39	40	41	42	43	44	45	46	47	48	49
1	年产气量($10^4\,m^3$)	2942.44	2770.9	2618.26	2481.57	2358.57	2246.95	2145.53	2052.87	1967.89	1889.66	1817.42	1750.49	1688.32	1630.42	1576.35	1525.76	1478.31
2	年天然气商品率(%)	95	95	95	95	95	95	95	95	95	95	95	95	95	95	95	95	95
3	单位操作成本(元/m^3)	0.44	0.44	0.44	0.44	0.44	0.44	0.44	0.44	0.44	0.44	0.44	0.44	0.44	0.44	0.44	0.44	0.44
4	年操作成本(万元)	1230	1158	1094	1037	986	939	897	858	823	790	760	732	706	682	659	638	618

附表 4　重庆某区块开发折耗与折旧计算表

单位:万元

序号	项目	建设期		生产期														
		16	17	18	19	20	21	22	23	24	25	26	27	28	29	30	31	32
1	油气资产折耗																	
1.1	年初油气资产价值			312000	235016	204222	178247	158582	142753	129505	118113	108120	99220	91198	83895	77193	71001	65247
1.2	当期折耗			76984	30794	25975	19665	15829	13248	11392	9993	8900	8022	7303	6702	6192	5754	5375
1.3	年末油气资产净值			235016	204222	178247	158582	142753	129505	118113	108120	99220	91198	83895	77193	71001	65247	59872
2	固定资产折旧																	
2.1	年初固定资产原值			19634	14789	12851	11216	9979	8983	8149	7432	6803	6243	5738	5278	4856	4466	4104
2.2	当期折旧			4845	1938	1635	1237	996	834	717	629	560	505	460	422	390	362	338
2.3	年末固定资产净值			14789	12851	11216	9979	8983	8149	7432	6803	6243	5738	5278	4856	4466	4104	3766

序号	项目	建设期		生产期														
		33	34	35	36	37	38	39	40	41	42	43	44	45	46	47	48	49
1	油气资产折耗																	
1.1	年初油气资产价值	59872	54830	50082	45596	41344	37303	33453	29777	26259	22887	19649	16535	13536	10643	7849	5148	2534
1.2	当期折耗	5042	4748	4486	4252	4041	3850	3676	3518	3372	3238	3114	2999	2893	2794	2701	2614	2534
1.3	年末油气资产净值	54830	50082	45596	41344	37303	33453	29777	26259	22887	19649	16535	13536	10643	7849	5148	2534	0
2	固定资产折旧																	
2.1	年初固定资产原值	3766	3449	3150	2868	2600	2346	2104	1873	1652	1440	1236	1040	851	669	493	323	158
2.2	当期折旧	317	299	282	268	254	242	231	221	212	204	196	189	182	176	170	165	158
2.3	年末固定资产净值	3449	3150	2868	2600	2346	2104	1873	1652	1440	1236	1040	851	669	493	323	158	0

附表 5　重庆某区块开发营业收入和营业税金及附加估算表

单位：万元

序号	项目	建设期		生产期														
		16	17	18	19	20	21	22	23	24	25	26	27	28	29	30	31	32
1	营业收入			121216	48486	40900	30963	24923	20860	17937	15734	14013	12632	11499	10552	9750	9061	8463
1.1	页岩气营业收入			121216	48486	40900	30963	24923	20860	17937	15734	14013	12632	11499	10552	9750	9061	8463
	年产气气量($10^8\,m^3$)			44928	17971.2	15159.2	11476.39	9237.75	7731.53	6648.31	5831.66	5193.86	4681.92	4261.91	3911.09	3613.66	3358.29	3136.64
	年气商品率（%）			95	95	95	95	95	95	95	95	95	95	95	95	95	95	95
	年气单价（元/m^3）			2.84	2.84	2.84	2.84	2.84	2.84	2.84	2.84	2.84	2.84	2.84	2.84	2.84	2.84	2.84
2	增值税			15758	6303	5317	4025	3240	2712	2332	2045	1822	1642	1495	1372	1268	1178	1100
3	营业税金及附加			2788	1115	941	713	573	480	412	361	323	290	265	243	225	208	195
3.1	城市建设维护税			1103	441	372	282	227	190	163	143	128	115	105	96	89	82	77
3.2	教育费附加			473	189	160	121	97	81	70	61	55	49	45	41	38	35	33
3.3	资源税			1212	485	409	310	249	209	179	157	140	126	115	106	98	91	85

序号	项目	建设期		生产期														
		33	34	35	36	37	38	39	40	41	42	43	44	45	46	47	48	49
1	营业收入	7939	7476	7064	6695	6363	6062	5789	5539	5309	5098	4903	4723	4555	4399	4253	4117	3988
1.1	页岩气营业收入	7939	7476	7064	6695	6363	6062	5789	5539	5309	5098	4903	4723	4555	4399	4253	4117	3988
	年产气气量($10^8\,m^3$)	2942.44	2770.9	2618.26	2481.57	2358.44	2246.95	2145.53	2052.87	1967.89	1889.66	1817.42	1750.49	1688.32	1630.42	1576.35	1525.76	1478.31
	年气商品率（%）	95	95	95	95	95	95	95	95	95	95	95	95	95	95	95	95	95
	年气单价（元/m^3）	2.84	2.84	2.84	2.84	2.84	2.84	2.84	2.84	2.84	2.84	2.84	2.84	2.84	2.84	2.84	2.84	2.84
2	增值税	1032	972	918	870	827	788	753	720	690	663	637	614	592	572	553	535	518
3	营业税金及附加	182	172	163	154	147	140	134	127	122	117	113	108	105	101	99	94	92
3.1	城市建设维护税	72	68	64	61	58	55	53	50	48	46	45	43	41	40	39	37	36
3.2	教育费附加	31	29	28	26	25	24	23	22	21	20	19	18	18	17	17	16	16
3.3	资源税	79	75	71	67	64	61	58	55	53	51	49	47	46	44	43	41	40

附表6 重庆某区块开发利润与利润分配表

序号	项目	建设期		生产期														
		16	17	18	19	20	21	22	23	24	25	26	27	28	29	30	31	32
1	营业收入			121216	48486	40900	30963	24923	20860	17937	15734	14013	12632	11499	10552	9750	9061	8463
2	营业税金及附加			2788	1115	941	713	573	480	412	361	323	290	265	243	225	208	195
3	总成本费用			108663	47536	40478	31468	25693	21560	18372	15783	13592	11684	9982	9197	8531	7958	7462
4	补贴收入			12804	5122	4320	3271	2633	2203	1895	1662	1480	1334	1215	1115	1030	957	894
	年产气量(10^8 m³)			44928	17971.2	15159.2	11476.39	9237.75	7731.53	6648.31	5831.66	5193.86	4681.92	4261.91	3911.09	3613.66	3358.29	3136.64
	年天然气商品率(%)			95	95	95	95	95	95	95	95	95	95	95	95	95	95	95
	补贴单价(元/m³)			0.3	0.3	0.3	0.3	0.3	0.3	0.3	0.3	0.3	0.3	0.3	0.3	0.3	0.3	0.3
5	利润总额(1-2-3+4)			22569	4957	3801	2053	1290	1023	1048	1252	1578	1992	2467	2227	2024	1852	1700
6	弥补前年度亏损额			0	0	0	0	0	0	0	0	0	0	0	0	0	0	0
7	应纳税所得额			22569	4957	3801	2053	1290	1023	1048	1252	1578	1992	2467	2227	2024	1852	1700
8	所得税			3385	744	570	308	194	153	157	188	237	299	370	334	304	278	255
9	净利润(5-8)			19184	4213	3231	1745	1096	870	891	1064	1341	1693	2097	1893	1720	1574	1445
10	年初未分配利润			0	16307	17442	17572	16419	14887	13393	12142	11224	10679	10516	10721	10722	10576	10327
11	本年可供分配利润			19184	20520	20673	19317	17515	15757	14284	13206	12565	12372	12613	12614	12442	12150	11772
12	提取法定盈余公积金			1918	2052	2067	1932	1752	1576	1428	1321	1257	1237	1261	1261	1244	1215	1177
13	提取公益金			959	1026	1034	966	876	788	714	661	629	619	631	631	622	608	589
14	向投资者分配利润			0	0	0	0	0	0	0	0	0	0	0	0	0	0	0
15	年末未分配利润			16307	17442	17572	16419	14887	13393	12142	11224	10679	10516	10721	10722	10576	10327	10006
16	息税前利润			30315	11941	10024	7514	5989	4961	4224	3667	3231	2884	2597	2357	2154	1982	1830
17	调整所得税			4547	1791	1504	1127	898	744	634	550	485	433	390	354	323	297	275
18	息税后利润			25768	10150	8520	6387	5091	4217	3590	3117	2746	2451	2207	2003	1831	1685	1555

序号	项目	建设期		生产期															
		33	34	35	36	37	38	39	40	41	42	43	44	45	46	47	48	49
1	营业收入	7939	7476	7064	6695	6363	6062	5789	5539	5309	5098	4903	4723	4555	4399	4253	4117	3988
2	营业税金及附加	182	172	163	154	147	140	134	127	122	117	113	108	105	101	99	94	92
3	总成本费用	7027	6643	6300	5995	5719	5469	5242	5035	4845	4670	4508	4358	4219	4090	3968	3855	3748
4	补贴收入	839	790	746	707	672	640	611	585	561	539	518	499	481	465	449	435	421
	年产气量（$10^8 m^3$）	2942.44	2770.9	2618.26	2481.57	2358.44	2246.95	2145.53	2052.87	1967.89	1889.66	1817.42	1750.49	1688.32	1630.42	1576.35	1525.76	1478.31
	年天然气商品率（%）	95	95	95	95	95	95	95	95	95	95	95	95	95	95	95	95	95
	补贴单价（元/m^3）	0.3	0.3	0.3	0.3	0.3	0.3	0.3	0.3	0.3	0.3	0.3	0.3	0.3	0.3	0.3	0.3	0.3
5	利润总额（1-2-3+4）	1569	1451	1347	1253	1169	1093	1024	962	903	850	800	756	712	673	635	603	569
6	弥补前年度亏损额	0	0	0	0	0	0	0	0	0	0	0	0	0	0	0	0	0
7	应纳税所得额	1569	1451	1347	1253	1169	1093	1024	962	903	850	800	756	712	673	635	603	569
8	所得税	235	218	202	188	175	164	154	144	135	128	120	113	107	101	95	90	85
9	净利润（5-8）	1334	1233	1145	1065	994	929	870	818	768	722	680	643	605	572	540	513	484
10	年初未分配利润	10006	9639	9241	8827	8408	7992	7583	7185	6803	6435	6083	5749	5433	5132	4849	4580	4329
11	本年可供分配利润	11340	10872	10386	9892	9402	8921	8453	8003	7571	7157	6763	6392	6038	5704	5389	5093	4813
12	提取法定盈余公积金	1134	1087	1039	989	940	892	845	800	757	716	676	639	604	570	539	509	481
13	提取公益金	567	544	520	495	470	446	423	400	379	358	338	320	302	285	270	255	241
14	向投资者分配利润	0	0	0	0	0	0	0	0	0	0	0	0	0	0	0	0	0
15	年末未分配利润	9639	9241	8827	8408	7992	7583	7185	6803	6435	6083	5749	5433	5132	4849	4580	4329	4091
16	息税前利润	1699	1581	1477	1383	1299	1223	1154	1092	1033	980	930	886	842	803	765	733	699
17	调整所得税	255	237	222	207	195	183	173	164	155	147	140	133	126	120	115	110	105
18	息税前税后利润	1444	1344	1255	1176	1104	1040	981	928	878	833	790	753	716	683	650	623	594

附表 7　重庆某区块开发项目投资现金流量表

单位：万元

序号与项目	建设期		生产期														
	16	17	18	19	20	21	22	23	24	25	26	27	28	29	30	31	32
1 现金流入			134020	53608	45220	34234	27556	23063	19832	17396	15493	13966	12714	11667	10780	10018	9357
1.1 产品营业收入			121216	48486	40900	30963	24923	20860	17937	15734	14013	12632	11499	10552	9750	9061	8463
1.2 回收固定资产余值																	
1.3 回收流动资金																	
1.4 补贴收入			12804	5122	4320	3271	2633	2203	1895	1662	1480	1334	1215	1115	1030	957	894
2 现金流出	164854	170040	21876	8935	7586	5818	4742	4020	3499	3107	2802	2555	2354	2186	2044	1920	1814
2.1 建设投资	163020	163020															
2.2 建设期利息	1834	3760															
2.3 流动资金	0	3260															
2.4 经营成本费用			19088	7820	6645	5105	4169	3540	3087	2746	2479	2265	2089	1943	1819	1712	1619
2.5 营业税及附加			2788	1115	941	713	573	480	412	361	323	290	265	243	225	208	195
3 所得税前净现金流量 (1-2)	-164854	-170040	112144	44673	37634	28416	22814	19043	16333	14289	12691	11411	10360	9481	8736	8098	7543
4 所得税前累计净现金流量	-164854	-334894	-222750	-178077	-140443	-112027	-89213	-70170	-53837	-39548	-26857	-15446	-5086	4395	13131	21229	28772
5 调整所得税			4547	1791	1504	1127	898	744	634	550	485	433	390	354	323	297	275
6 所得税后净现金流量 (1-2-5)	-164854	-170040	107597	42882	36130	27289	21916	18299	15699	13739	12206	10978	9970	9127	8413	7801	7268
7 累计税后净现金流量	-164854	-334894	-227297	-184415	-148285	-120996	-99080	-80781	-65082	-51343	-39137	-28159	-18189	-9062	-649	7152	14420
$(P/F,3\%,n)$	0.9709	0.9426	0.9151	0.8885	0.8626	0.8375	0.8131	0.7894	0.7664	0.7441	0.7224	0.7014	0.681	0.6611	0.6419	0.6232	0.605
税前折现净现金流量	-160057	-160280	102623	39692	32463	23798	18550	15033	12518	10632	9168	8004	7055	6268	5608	5047	4564

序号与项目	建设期				生产期												
	16	17	18	19	20	21	22	23	24	25	26	27	28	29	30	31	32
累计税前折现净现金流量	-160057	-320337	-217714	-178022	-145559	-121761	-103211	-88178	-75660	-65028	-55860	-47856	-40801	-34533	-28925	-23878	-19314
（P/F,3%,n）	0.9709	0.9426	0.9151	0.8885	0.8626	0.8375	0.8131	0.7894	0.7664	0.7441	0.7224	0.7014	0.681	0.6611	0.6419	0.6232	0.605
税后折现净现金流量	-160057	-160280	98462	38101	31166	22855	17820	14445	12032	10223	8818	7700	6790	6034	5400	4862	4397
累计税后折现净现金流量	-160057	-320337	-221875	-183774	-152608	-129753	-111933	-97488	-85456	-75233	-66415	-58715	-51925	-45891	-40491	-35629	-31232

序号与项目	建设期			生产期													
	33	34	35	36	37	38	39	40	41	42	43	44	45	46	47	48	49
1 现金流入	8778	8266	7810	7402	7035	6702	6400	6124	5870	5637	5421	5222	5036	4864	4702	4552	7669
1.1 产品营业收入	7939	7476	7064	6695	6363	6062	5789	5539	5309	5098	4903	4723	4555	4399	4253	4117	3988
1.2 回收固定资产余值																	0
1.3 回收流动资金																	3260
1.4 补贴收入	839	790	746	707	672	640	611	585	561	539	518	499	481	465	449	435	421
2 现金流出	1720	1638	1565	1499	1441	1387	1339	1293	1253	1215	1181	1148	1119	1091	1066	1040	1018
2.1 建设投资																	
2.2 建设期利息																	
2.3 流动资金																	
2.4 经营成本费用	1538	1466	1402	1345	1294	1247	1205	1166	1131	1098	1068	1040	1014	990	967	946	926
2.5 营业税金及附加	182	172	163	154	147	140	134	127	122	117	113	108	105	101	99	94	92
3 所得税前净现金流量（1-2）	7058	6628	6245	5903	5594	5315	5061	4831	4617	4422	4240	4074	3917	3773	3636	3512	6651
4 所得税前累计净现金流量	35830	42458	48703	54606	60200	65515	70576	75407	80024	84446	88686	92760	96677	100450	104086	107598	114249

序号与项目	建设期			生产期													
	33	34	35	36	37	38	39	40	41	42	43	44	45	46	47	48	49
5 调整所得税	255	237	222	207	195	183	173	164	155	147	140	133	126	120	115	110	105
6 所得税后净现金流量(1-2-5)	6803	6391	6023	5696	5399	5132	4888	4667	4462	4275	4100	3941	3791	3653	3521	3402	6546
7 累计税后净现金流量	21223	27614	33637	39333	44732	49864	54752	59419	63881	68156	72256	76197	79988	83641	87162	90564	97110
(P/F,3%,n)	0.5874	0.5703	0.5537	0.5375	0.5219	0.5067	0.4919	0.4776	0.4637	0.4502	0.4371	0.4243	0.4120	0.4000	0.3883	0.3770	0.3660
税前折现净现金流量	4146	3780	3458	3173	2920	2693	2490	2307	2141	1991	1853	1729	1614	1509	1412	1324	2434
累计税前折现净现金流量	−15168	−11388	−7930	−4757	−1837	856	3346	5653	7794	9785	11638	13367	14981	16490	17902	19226	21660
(P/F,3%,n)	0.5874	0.5703	0.5537	0.5375	0.5219	0.5067	0.4919	0.4776	0.4637	0.4502	0.4371	0.4243	0.412	0.4	0.3883	0.377	0.366
税后折现净现金流量	3996	3645	3335	3062	2818	2600	2404	2229	2069	1925	1792	1672	1562	1461	1367	1283	2396
累计税后折现净现金流量	−27236	−23591	−20256	−17194	−14376	−11776	−9372	−7143	−5074	−3149	−1357	315	1877	3338	4705	5988	8384

计算指标	调整所得税前	调整所得税后
项目投资财务内部收益率(%)	4.02	3.39
项目投资财务净现值(折现率取3%)(万元)	21660	8384

计算指标	调整所得税前	调整所得税后
项目静态投资回收期(年)	11.54	13.08
项目动态投资回收期(年)	20.68	26.81

附表8 重庆某区块开发资本金现金流量表

单位:万元

序号	项目	建设期		生产期														
		16	17	18	19	20	21	22	23	24	25	26	27	28	29	30	31	32
1	现金流入	0	0	134020	53608	45220	34234	27556	23063	19832	17396	15493	13966	12714	11667	10780	10018	9357
1.1	产品营业收入			121216	48486	40900	30963	24923	20860	17937	15734	14013	12632	11499	10552	9750	9061	8463
1.2	回收固定资产余值																	
1.3	回收流动资金																	
1.4	补贴收入			12804	5122	4320	3271	2633	2203	1895	1662	1480	1334	1215	1115	1030	957	894
2	现金流出	89661	89661	48238	31894	29610	26818	24866	23342	22063	20941	19923	18979	2854	2650	2478	2328	2199
2.1	项目资本金	89661	89661															
2.1.1	用于建设投资	89661	89661															
2.1.2	用于建设期利息	0	0															
2.1.3	用于流动资金	0	0															
2.2	借款本金偿还			15231	15231	15231	15231	15231	15231	15231	15231	15231	15233					
2.3	借款利息支付			7746	6984	6223	5461	4699	3938	3176	2415	1653	892	130	130	130	130	130
2.4	经营成本费用			19088	7820	6645	5105	4169	3540	3087	2746	2479	2265	2089	1943	1819	1712	1619
2.5	营业税金及附加			2788	1115	941	713	573	480	412	361	323	290	265	243	225	208	195
2.6	所得税			3385	744	570	308	194	153	157	188	237	299	370	334	304	278	255
3	净现金流量(1-2)	-89661	-89661	85782	21714	15610	7416	2690	-279	-2231	-3545	-4430	-5013	9860	9017	8302	7690	7158
计算指标	资本金财务内部收益率(%)			3.11														

序号	项目	建设期		生产期															
		33	34	35	36	37	38	39	40	41	42	43	44	45	46	47	48	49
1	现金流入	8778	8266	7810	7402	7035	6702	6400	6124	5870	5637	5421	5222	5036	4864	4702	4552	7669
1.1	产品营业收入	7939	7476	7064	6695	6363	6062	5789	5539	5309	5098	4903	4723	4555	4399	4253	4117	3988
1.2	回收固定资产余值																	0
1.3	回收流动资金																	3260
1.4	补贴收入	839	790	746	707	672	640	611	585	561	539	518	499	481	465	449	435	421
2	现金流出	2085	1986	1897	1817	1746	1681	1623	1567	1518	1473	1431	1391	1356	1322	1291	1260	4493
2.1	项目资本金																	
2.1.1	用于建设投资																	
2.1.2	用于建设期利息																	
2.1.3	用于流动资金																	
2.2	借款本金偿还	0	0	0	0	0	0	0	0	0	0	0	0	0	0	0	0	3260
2.3	借款利息支付	130	130	130	130	130	130	130	130	130	130	130	130	130	130	130	130	130
2.4	经营成本费用	1538	1466	1402	1345	1294	1247	1205	1166	1131	1098	1068	1040	1014	990	967	946	926
2.5	营业税金及附加	182	172	163	154	147	140	134	127	122	117	113	108	105	101	99	94	92
2.6	所得税	235	218	202	188	175	164	154	144	135	128	120	113	107	101	95	90	85
3	净现金流量(1-2)	6693	6280	5913	5585	5289	5021	4777	4557	4352	4164	3990	3831	3680	3542	3411	3292	3176
计算指标	资本金财务内部收益率(%)																	

附表9　重庆某区块开发借款还本付息计划表

单位：万元

项目	建设期		生产期														
	16	17	18	19	20	21	22	23	24	25	26	27	28	29	30	31	32
银行借款																	
期初借款余额			155572	140341	125110	109879	94648	79417	64186	48955	33724	18493	3260	3260	3260	3260	3260
当期借款			0	0	0	0	0	0	0	0	0	0	0	0	0	0	0
当期应计利息			7746	6984	6223	5461	4699	3938	3176	2415	1653	892	130	130	130	130	130
当期还本付息			22977	22215	21454	20692	19930	19169	18407	17646	16884	16125	130	130	130	130	130
还本			15231	15231	15231	15231	15231	15231	15231	15231	15231	15233	0	0	0	0	0
付息			7746	6984	6223	5461	4699	3938	3176	2415	1653	892	130	130	130	130	130
期末借款余额			140341	125110	109879	94648	79417	64186	48955	33724	18493	3260	3260	3260	3260	3260	3260
利息备付率（%）			3.91	1.71	1.61	1.38	1.27	1.26	1.33	1.52	1.95	3.23	19.98	18.13	16.57	15.25	14.08
偿债备付率（%）			4.73	1.98	1.73	1.36	1.13	0.99	0.88	0.80	0.74	0.69	76.85	70.36	64.86	60.15	56.06

项目	建设期		生产期														
	33	34	35	36	37	38	39	40	41	42	43	44	45	46	47	48	49
银行借款																	
期初借款余额	3260	3260	3260	3260	3260	3260	3260	3260	3260	3260	3260	3260	3260	3260	3260	3260	3260
当期借款	0	0	0	0	0	0	0	0	0	0	0	0	0	0	0	0	0
当期应计利息	130	130	130	130	130	130	130	130	130	130	130	130	130	130	130	130	130
当期还本付息	130	130	130	130	130	130	130	130	130	130	130	130	130	130	130	130	3390
还本	0	0	0	0	0	0	0	0	0	0	0	0	0	0	0	0	3260
付息	130	130	130	130	130	130	130	130	130	130	130	130	130	130	130	130	130
期末借款余额	3260	3260	3260	3260	3260	3260	3260	3260	3260	3260	3260	3260	3260	3260	3260	3260	0
利息备付率（%）	13.07	12.16	11.36	10.64	9.99	9.41	8.88	8.40	7.95	7.54	7.15	6.82	6.48	6.18	5.88	5.64	5.38
偿债备付率（%）	52.48	49.31	46.48	43.96	41.68	39.62	37.75	36.05	34.48	33.03	31.69	30.47	29.31	28.25	27.24	26.32	0.98

附表10 重庆某区块开发资产负债表

单位:万元

序号	项目	建设期		生产期															
		16	17	18	19	20	21	22	23	24	25	26	27	28	29	30	31	32
1	资产	164854	170040	338847	324952	309874	293287	276254	259265	242561	226252	210380	194954	195195	195196	195024	194732	194354
1.1	在建工程	164854	170040															
1.2	油气资产净值	0	0	235016	204222	178247	158582	142753	129505	118113	108120	99220	91198	83895	77193	71001	65247	59872
1.3	固定资产净值	0	0	14789	12851	11216	9979	8983	8149	7432	6803	6243	5738	5278	4856	4466	4104	3766
1.4	流动资产	0	0	3260	3260	3260	3260	3260	3260	3260	3260	3260	3260	3260	3260	3260	3260	3260
1.5	其他盈余资金	0	0	85782	104619	117151	121466	121258	118351	113756	108069	101657	94758	102762	109887	116297	122121	127456
2	负债及所有者权益	164854	170040	338847	324952	309874	293287	276254	259265	242561	226252	210380	194954	195195	195196	195024	194732	194354
2.1	负债	75193	80379	140341	125110	109879	94648	79417	64186	48955	33724	18493	3260	3260	3260	3260	3260	3260
2.1.1	期末借款余额	75193	80379	140341	125110	109879	94648	79417	64186	48955	33724	18493	3260	3260	3260	3260	3260	3260
2.2	所有者权益	89661	89661	198506	199842	199995	198639	196837	195079	193606	192528	191887	191694	191935	191936	191764	191472	191094
2.2.1	资本金	89661	89661	179322	179322	179322	179322	179322	179322	179322	179322	179322	179322	179322	179322	179322	179322	179322
2.2.2	法定盈余公积金	0	0	1918	2052	2067	1932	1752	1576	1428	1321	1257	1237	1261	1261	1244	1215	1177
2.2.3	公益金	0	0	959	1026	1034	966	876	788	714	661	629	619	631	631	622	608	589
2.2.4	期末未分配利润	0	0	16307	17442	17572	16419	14887	13393	12142	11224	10679	10516	10721	10722	10576	10327	10006
计算指标	资产负债率(%)	45.61	47.27	41.42	38.5	35.46	32.27	28.75	24.76	20.18	14.91	8.79	1.67	1.67	1.67	1.67	1.67	1.68

序号	项目	建设期		生产期															
		33	34	35	36	37	38	39	40	41	42	43	44	45	46	47	48	49
1	资产	193922	193454	192968	192474	191984	191503	191035	190585	190153	189739	189345	188974	188620	188286	187971	187675	184135
1.1	在建工程																	
1.2	油气资产净值	54830	50082	45596	41344	37303	33453	29777	26259	22887	19649	16535	13536	10643	7849	5148	2534	0

续表

序号	项目	建设期			生产期													
		33	34	35	36	37	38	39	40	41	42	43	44	45	46	47	48	49
1.3	固定资产净值	3449	3150	2868	2600	2346	2104	1873	1652	1440	1236	1040	851	669	493	323	158	0
1.4	流动资产	3260	3260	3260	3260	3260	3260	3260	3260	3260	3260	3260	3260	3260	3260	3260	3260	0
1.5	其他盈余资金	132383	136962	141244	145270	149075	152686	156125	159414	162566	165594	168510	171327	174048	176684	179240	181723	184135
2	负债及所有者权益	193922	193454	192968	192474	191984	191503	191035	190585	190153	189739	189345	188974	188620	188286	187971	187675	184135
2.1	负债	3260	3260	3260	3260	3260	3260	3260	3260	3260	3260	3260	3260	3260	3260	3260	3260	0
2.1.1	期末借款余额	3260	3260	3260	3260	3260	3260	3260	3260	3260	3260	3260	3260	3260	3260	3260	3260	0
2.2	所有者权益	190662	190194	189708	189214	188724	188243	187775	187325	186893	186479	186085	185714	185360	185026	184711	184415	184135
2.2.1	资本金	179322	179322	179322	179322	179322	179322	179322	179322	179322	179322	179322	179322	179322	179322	179322	179322	179322
2.2.2	法定盈余公积金	1134	1087	1039	989	940	892	845	800	757	716	676	639	604	570	539	509	481
2.2.3	公益金	567	544	520	495	470	446	423	400	379	358	338	320	302	285	270	255	241
2.2.4	期末分配利润	9639	9241	8827	8408	7992	7583	7185	6803	6435	6083	5749	5433	5132	4849	4580	4329	4091
计算指标	资产负债率(%)	1.68	1.69	1.69	1.69	1.70	1.70	1.71	1.71	1.71	1.72	1.72	1.73	1.73	1.73	1.73	1.74	0

附表 11 重庆某区块开发财务计划现金流量表

单位:万元

序号	项目	建设期			生产期												
		16	17	18	19	20	21	22	23	24	25	26	27	28	29	30	31	32
1	经营活动净现金流量			108759	43929	37064	28108	22620	18890	16176	14101	12454	11112	9990	9147	8432	7820	7288
1.1	现金流入			134020	53608	45220	34234	27556	23063	19832	17396	15493	13966	12714	11667	10780	10018	9357
1.1.1	营业收入			121216	48486	40900	30963	24923	20860	17937	15734	14013	12632	11499	10552	9750	9061	8463
1.1.2	补贴收入			12804	5122	4320	3271	2633	2203	1895	1662	1480	1334	1215	1115	1030	957	894

序号	项目	建设期		生产期															
		16	17	18	19	20	21	22	23	24	25	26	27	28	29	30	31	32
1.2	现金流出			25261	9679	8156	6126	4936	4173	3656	3295	3039	2854	2724	2520	2348	2198	2069
1.2.1	经营成本			19088	7820	6645	5105	4169	3540	3087	2746	2479	2265	2089	1943	1819	1712	1619
1.2.2	营业税金及附加			2788	1115	941	713	573	480	412	361	323	290	265	243	225	208	195
1.2.3	所得税			3385	744	570	308	194	153	157	188	237	299	370	334	304	278	255
2	投资活动净现金流量	-164854	-170040															
2.1	现金流入	0	0															
2.2	现金流出	164854	170040															
2.2.1	建设投资	163020	163020															
2.2.2	建设期利息	1834	3760															
2.2.3	流动资金	0	3260															
3	筹资活动净现金流量	164854	170040	-22977	-22215	-21454	-20692	-19930	-19169	-18407	-17646	-16884	-16125	-130	-130	-130	-130	-130
3.1	现金流入	164854	170040															
3.1.1	项目资本金投入	89661	89661															
3.1.2	项目债务资金投入	75193	80379															
3.2	现金流出	0	0	22977	22215	21454	20692	19930	19169	18407	17646	16884	16125	130	130	130	130	130
3.2.1	当期还本			15231	15231	15231	15231	15231	15231	15231	15231	15231	15233	0	0	0	0	0
3.2.2	当期付息			7746	6984	6223	5461	4699	3938	3176	2415	1653	892	130	130	130	130	130
3.2.3	向投资者分配利润																	
4	净现金流量	0	0	85782	21714	15610	7416	2690	-279	-2231	-3545	-4430	-5013	9860	9017	8302	7690	7158
5	累计盈余资金	0	0	85782	107496	123106	130522	133212	132933	130702	127157	122727	117714	127574	136591	144893	152583	159741

序号	项目	建设期		生产期															
		33	34	35	36	37	38	39	40	41	42	43	44	45	46	47	48	49
1	经营活动净现金流量	6823	6410	6043	5715	5419	5151	4907	4687	4482	4294	4120	3961	3810	3672	3541	3422	3306
1.1	现金流入	8778	8266	7810	7402	7035	6702	6400	6124	5870	5637	5421	5222	5036	4864	4702	4552	4409
1.1.1	营业收入	7939	7476	7064	6695	6363	6062	5789	5539	5309	5098	4903	4723	4555	4399	4253	4117	3988
1.1.2	补贴收入	839	790	746	707	672	640	611	585	561	539	518	499	481	465	449	435	421
1.2	现金流出	1955	1856	1767	1687	1616	1551	1493	1437	1388	1343	1301	1261	1226	1192	1161	1130	1103
1.2.1	经营成本	1538	1466	1402	1345	1294	1247	1205	1166	1131	1098	1068	1040	1014	990	967	946	926
1.2.2	营业税金及附加	182	172	163	154	147	140	134	127	122	117	113	108	105	101	99	94	92
1.2.3	所得税	235	218	202	188	175	164	154	144	135	128	120	113	107	101	95	90	85
2	投资活动净现金流量																	
2.1	现金流入																	
2.2	现金流出																	
2.2.1	建设投资																	
2.2.2	建设期利息																	
2.2.3	流动资金																	
3	筹资活动净现金流量	-130	-130	-130	-130	-130	-130	-130	-130	-130	-130	-130	-130	-130	-130	-130	-130	-3390
3.1	现金流入																	
3.1.1	项目资本金投入																	
3.1.2	项目债务资金投入																	

序号	项目	建设期		生产期															
		33	34	35	36	37	38	39	40	41	42	43	44	45	46	47	48	49
3.2	现金流出	130	130	130	130	130	130	130	130	130	130	130	130	130	130	130	130	3390
3.2.1	当期还本	0	0	0	0	0	0	0	0	0	0	0	0	0	0	0	0	3260
3.2.2	当期付息	130	130	130	130	130	130	130	130	130	130	130	130	130	130	130	130	130
3.2.3	向投资者分配利润																	
4	净现金流量	6693	6280	5913	5585	5289	5021	4777	4557	4352	4164	3990	3831	3680	3542	3411	3292	-84
5	累计盈余资金	166434	172714	178627	184212	189501	194522	199299	203856	208208	212372	216362	220193	223873	227415	230826	234118	234034

附表 12　重庆不同初产累产气量及营业收入表

t（年）	以初期日产量为 $1.4\times10^4\,m^3$，生产 32 年的累积产量，2.21 元/m^3 折算产气营业收入		以初期日产量为 $1.8\times10^4\,m^3$，生产 32 年的累积产量，2.21 元/m^3 折算产气营业收入		以初期日产量为 $2.0\times10^4\,m^3$，生产 32 年的累积产量，2.21 元/m^3 折算产气营业收入		以初期日产量为 $2.2\times10^4\,m^3$，生产 32 年的累积产量，2.21 元/m^3 折算产气营业收入		以初期日产量为 $2.6\times10^4\,m^3$，生产 32 年的累积产量，2.21 元/m^3 折算产气营业收入		以初期日产量为 $3\times10^4\,m^3$，生产 32 年的累积产量，2.21 元/m^3 折算产气营业收入	
	累积产量（$10^4\,m^3$）	营业收入（万元）	累积产量（$10^4\,m^3$）	营业收入（万元）	累积产量（$10^4\,m^3$）	营业收入（万元）	累积产量（$10^4\,m^3$）	营业收入（万元）	累积产量（$10^4\,m^3$）	营业收入（万元）	累积产量（$10^4\,m^3$）	营业收入（万元）
1	504.00	1113.84	648.00	1432.08	720.00	1591.2	792.00	1750.32	936.00	2068.56	1080.00	2386.80
2	705.60	1559.38	907.20	2004.91	1008.00	2227.68	1108.80	2450.45	1310.40	2895.98	1512.00	3341.52
3	875.66	1935.20	1125.84	2488.11	1250.94	2764.57	1376.03	3041.03	1626.22	3593.94	1876.40	4146.85
4	1004.40	2219.72	1291.37	2853.92	1434.85	3171.02	1578.34	3488.13	1865.31	4122.33	2152.28	4756.54
5	1108.03	2448.74	1424.60	3148.37	1582.89	3498.19	1741.18	3848.01	2057.76	4547.65	2374.34	5247.29
6	1194.76	2640.41	1536.12	3394.82	1706.80	3772.02	1877.48	4149.22	2218.83	4903.62	2560.19	5658.03
7	1269.34	2805.24	1632.01	3606.73	1813.34	4007.48	1994.67	4408.23	2357.34	5209.72	2720.01	6011.22
8	1334.76	2949.81	1716.12	3792.62	1906.80	4214.02	2097.47	4635.42	2478.83	5478.22	2860.19	6321.03

t（年）	以初期日产量为 $1.4\times10^4\,\mathrm{m}^3$，生产32年的累积产量，$2.21$ 元/m^3 折算产气营业收入		以初期日产量为 $1.8\times10^4\,\mathrm{m}^3$，生产32年的累积产量，$2.21$ 元/m^3 折算产气营业收入		以初期日产量为 $2.0\times10^4\,\mathrm{m}^3$，生产32年的累积产量，$2.21$ 元/m^3 折算产气营业收入		以初期日产量为 $2.2\times10^4\,\mathrm{m}^3$，生产32年的累积产量，$2.21$ 元/m^3 折算产气营业收入		以初期日产量为 $2.6\times10^4\,\mathrm{m}^3$，生产32年的累积产量，$2.21$ 元/m^3 折算产气营业收入		以初期日产量为 $3\times10^4\,\mathrm{m}^3$，生产32年的累积产量，$2.21$ 元/m^3 折算产气营业收入	
	累积产量（$10^4\,\mathrm{m}^3$）	营业收入（万元）	累积产量（$10^4\,\mathrm{m}^3$）	营业收入（万元）	累积产量（$10^4\,\mathrm{m}^3$）	营业收入（万元）	累积产量（$10^4\,\mathrm{m}^3$）	营业收入（万元）	累积产量（$10^4\,\mathrm{m}^3$）	营业收入（万元）	累积产量（$10^4\,\mathrm{m}^3$）	营业收入（万元）
9	1393.02	3078.58	1791.03	3958.17	1990.03	4397.97	2189.03	4837.76	2587.04	5717.36	2985.05	6596.95
10	1445.54	3194.65	1858.56	4107.41	2065.06	4563.79	2271.57	5020.16	2684.58	5932.92	3097.59	6845.68
11	1493.35	3300.31	1920.02	4243.26	2133.36	4714.73	2346.70	5186.20	2773.37	6129.15	3200.04	7072.09
12	1537.23	3397.27	1976.43	4367.92	2196.04	4853.25	2415.64	5338.57	2854.85	6309.22	3294.06	7279.87
13	1577.76	3486.86	2028.55	4483.11	2253.95	4981.23	2479.34	5479.35	2930.13	6475.60	3380.92	7471.84
14	1615.44	3570.12	2076.99	4590.15	2307.77	5100.17	2538.55	5610.19	3000.10	6630.22	3461.65	7650.25
15	1650.62	3647.88	2122.23	4690.13	2358.04	5211.26	2593.84	5732.38	3065.45	6774.64	3537.05	7816.89
16	1683.63	3720.83	2164.67	4783.92	2405.19	5315.47	2645.71	5847.02	3126.75	6910.11	3607.78	7973.20
17	1714.72	3789.52	2204.64	4872.24	2449.60	5413.61	2694.55	5954.97	3184.47	7037.69	3674.39	8120.41
18	1744.09	3854.43	2242.40	4955.70	2491.55	5506.34	2740.71	6056.97	3239.02	7158.24	3737.33	8259.50
19	1771.93	3915.96	2278.19	5034.80	2531.32	5594.22	2784.46	6153.65	3290.72	7272.49	3796.98	8391.34
20	1798.38	3974.43	2312.21	5109.98	2569.12	5677.75	2826.03	6245.53	3339.85	7381.08	3853.68	8516.63
21	1823.59	4030.13	2344.61	5181.60	2605.13	5757.33	2865.64	6333.07	3386.67	7484.53	3907.69	8636.00
22	1847.66	4083.32	2375.56	5249.99	2639.51	5833.32	2903.46	6416.65	3431.36	7583.32	3959.27	8749.98
23	1870.69	4134.22	2405.17	5315.42	2672.41	5906.03	2939.65	6496.63	3474.13	7677.83	4008.61	8859.04
24	1892.76	4183.01	2433.55	5378.15	2703.95	5975.72	2974.34	6573.29	3515.13	7768.44	4055.92	8963.58
25	1913.96	4229.85	2460.81	5438.38	2734.23	6042.65	3007.65	6646.91	3554.50	7855.44	4101.34	9063.97
26	1934.35	4274.91	2487.02	5496.31	2763.35	6107.01	3039.69	6717.72	3592.36	7939.12	4145.03	9160.52

t (年)	以初期日产量为1.4×10⁴m³，生产32年的累积产气营业收入（2.21元/m³折算产气营业收入）		以初期日产量为1.8×10⁴m³，生产32年的累积产气营业收入（2.21元/m³折算产气营业收入）		以初期日产量为2.0×10⁴m³，生产32年的累积产气营业收入（2.21元/m³折算产气营业收入）		以初期日产量为2.2×10⁴m³，生产32年的累积产气营业收入（2.21元/m³折算产气营业收入）		以初期日产量为2.6×10⁴m³，生产32年的累积产气营业收入（2.21元/m³折算产气营业收入）		以初期日产量为3×10⁴m³，生产32年的累积产气营业收入（2.21元/m³折算产气营业收入）	
	累积产量 (10⁴m³)	营业收入 (万元)	累积产量 (10⁴m³)	营业收入 (万元)	累积产量 (10⁴m³)	营业收入 (万元)	累积产量 (10⁴m³)	营业收入 (万元)	累积产量 (10⁴m³)	营业收入 (万元)	累积产量 (10⁴m³)	营业收入 (万元)
27	1953.99	4318.31	2512.27	5552.11	2791.41	6169.01	3070.55	6785.91	3628.83	8019.71	4187.11	9253.52
28	1972.92	4360.16	2536.62	5605.92	2818.46	6228.81	3100.31	6851.69	3664.00	8097.45	4227.70	9343.21
29	1991.21	4400.58	2560.13	5657.89	2844.59	6286.55	3129.05	6915.20	3697.97	8172.51	4266.89	9429.82
30	2008.90	4439.66	2582.87	5708.14	2869.85	6342.38	3156.84	6976.62	3730.81	8245.09	4304.78	9513.57
31	2026.01	4477.49	2604.88	5756.77	2894.31	6396.42	3183.74	7036.06	3762.6	8315.34	4341.46	9594.62
32	2042.60	4514.14	2626.20	5803.90	2918.00	6448.77	3209.80	7093.65	3793.40	8383.40	4377.00	9673.16

t (年)	以初期日产量为3.5×10⁴m³，生产32年的累积产气营业收入（2.21元/m³折算产气营业收入）		以初期日产量为4×10⁴m³，生产32年的累积产气营业收入（2.21元/m³折算产气营业收入）		以初期日产量为4.5×10⁴m³，生产32年的累积产气营业收入（2.21元/m³折算产气营业收入）		以初期日产量为5×10⁴m³，生产32年的累积产气营业收入（2.21元/m³折算产气营业收入）		以初期日产量为5.5×10⁴m³，生产32年的累积产气营业收入（2.21元/m³折算产气营业收入）		以初期日产量为6×10⁴m³，生产32年的累积产气营业收入（2.21元/m³折算产气营业收入）	
	累积产量 (10⁴m³)	营业收入 (万元)	累积产量 (10⁴m³)	营业收入 (万元)	累积产量 (10⁴m³)	营业收入 (万元)	累积产量 (10⁴m³)	营业收入 (万元)	累积产量 (10⁴m³)	营业收入 (万元)	累积产量 (10⁴m³)	营业收入 (万元)
1	1260.00	2784.60	1440.00	3182.40	1620.00	3580.20	1800.00	3978.00	1980.00	4375.80	2160.00	4773.60
2	1764.00	3898.44	2016.00	4455.36	2268.00	5012.28	2520.00	5569.20	2772.00	6126.12	3024.00	6683.04
3	2189.14	4837.99	2501.87	5529.14	2814.61	6220.28	3127.34	6911.42	3440.07	7602.81	3752.81	8293.70
4	2510.99	5549.29	2869.70	6342.05	3228.42	7134.80	3587.13	7927.56	3945.84	8720.31	4304.56	9513.07
5	2770.06	6121.84	3165.79	6996.39	3561.51	7870.94	3957.23	8745.48	4352.96	9620.03	4748.68	10494.58
6	2986.89	6601.03	3413.59	7544.04	3840.29	8487.04	4266.99	9430.05	4693.69	10373.05	5120.39	11316.06

t (年)	以初期日产量为3.5×10⁴m³，生产32年的累积产量，2.21元/m³折算产气营业收入		以初期日产量为4×10⁴m³，生产32年的累积产量，2.21元/m³折算产气营业收入		以初期日产量为4.5×10⁴m³，生产32年的累积产量，2.21元/m³折算产气营业收入		以初期日产量为5×10⁴m³，生产32年的累积产量，2.21元/m³折算产气营业收入		以初期日产量为5.5×10⁴m³，生产32年的累积产量，2.21元/m³折算产气营业收入		以初期日产量为6×10⁴m³，生产32年的累积产量，2.21元/m³折算产气营业收入	
	累积产量(10⁴m³)	营业收入(万元)	累积产量(10⁴m³)	营业收入(万元)	累积产量(10⁴m³)	营业收入(万元)	累积产量(10⁴m³)	营业收入(万元)	累积产量(10⁴m³)	营业收入(万元)	累积产量(10⁴m³)	营业收入(万元)
7	3173.34	7013.09	3626.68	8014.96	4080.01	9016.83	4533.35	10018.70	4986.68	11020.57	5440.02	12022.44
8	3336.89	7374.53	3813.59	8428.04	4290.29	9481.54	4766.99	10535.04	5243.69	11588.55	5720.39	12642.05
9	3482.55	7696.44	3980.06	8795.93	4477.57	9895.43	4975.08	10994.92	5472.58	12094.41	5970.09	13193.90
10	3613.86	7986.62	4130.12	9127.57	4646.39	10268.52	5162.65	11409.46	5678.92	12550.41	6195.18	13691.36
11	3733.38	8250.77	4266.72	9429.46	4800.06	10608.14	5333.40	11786.82	5866.74	12965.50	6400.08	14144.18
12	3843.07	8493.18	4392.08	9706.49	4941.09	10919.80	5490.10	12133.11	6039.11	13346.43	6588.12	14559.74
13	3944.41	8717.15	4507.90	9962.46	5071.39	11207.77	5634.87	12453.07	6198.36	13698.38	6761.85	14943.69
14	4038.60	8925.30	4615.54	10200.34	5192.48	11475.38	5769.42	12750.42	6346.36	14025.46	6923.31	15300.51
15	4126.56	9119.70	4716.07	10422.52	5305.58	11725.33	5895.09	13028.14	6484.60	14330.96	7074.11	15633.77
16	4209.08	9302.07	4810.38	10630.94	5411.68	11959.81	6012.97	13288.67	6614.27	14617.54	7215.57	15946.41
17	4286.79	9473.81	4899.19	10827.21	5511.59	12180.61	6123.99	13534.01	6736.39	14887.42	7348.79	16240.82
18	4360.22	9636.09	4983.11	11012.67	5606.00	12389.26	6228.89	13765.84	6851.78	15142.42	7474.66	16519.01
19	4429.82	9789.89	5062.65	11188.45	5695.48	12587.00	6328.31	13985.56	6961.14	15384.12	7593.97	16782.67
20	4495.96	9936.07	5138.24	11355.50	5780.52	12774.94	6422.80	14194.38	7065.08	15613.82	7707.36	17033.26
21	4558.97	10075.33	5210.26	11514.66	5861.54	12954.00	6512.82	14393.33	7164.10	15832.66	7815.38	17272.00
22	4619.14	10208.31	5279.02	11666.64	5938.90	13124.97	6598.78	14583.30	7258.66	16041.63	7918.53	17499.96
23	4676.72	10335.54	5344.82	11812.05	6012.92	13288.56	6681.02	14765.06	7349.13	16241.57	8017.23	17718.08
24	4731.91	10457.51	5407.89	11951.44	6083.88	13445.37	6759.87	14939.30	7435.85	16433.23	8111.84	17927.16

t (年)	以初期日产量为 3.5×10⁴ m³,生产 32 年的累积产气营业收入		以初期日产量为 4×10⁴ m³,生产 32 年的累积产气营业收入		以初期日产量为 4.5×10⁴ m³,生产 32 年的累积产气营业收入		以初期日产量为 5×10⁴ m³,生产 32 年的累积产气营业收入		以初期日产量为 5.5×10⁴ m³,生产 32 年的累积产气营业收入		以初期日产量为 6×10⁴ m³,生产 32 年的累积产气营业收入	
	累积产量 ($10^4\,\mathrm{m}^3$)	营业收入 (万元)	累积产量 ($10^4\,\mathrm{m}^3$)	营业收入 (万元)	累积产量 ($10^4\,\mathrm{m}^3$)	营业收入 (万元)	累积产量 ($10^4\,\mathrm{m}^3$)	营业收入 (万元)	累积产量 ($10^4\,\mathrm{m}^3$)	营业收入 (万元)	累积产量 ($10^4\,\mathrm{m}^3$)	营业收入 (万元)
25	4784.90	10574.63	5468.46	12085.29	6152.02	13595.96	6835.57	15106.62	7519.13	16617.28	8202.69	18127.94
26	4835.87	10687.27	5526.71	12214.03	6217.55	13740.78	6908.39	15267.53	7599.23	16794.29	8290.06	18321.04
27	4884.96	10795.77	5582.81	12338.02	6280.67	13880.27	6978.52	15422.53	7676.37	16964.78	8374.22	18507.03
28	4932.31	10900.41	5636.93	12457.61	6341.54	14014.81	7046.16	15572.01	7750.78	17129.21	8455.39	18686.42
29	4978.04	11001.46	5689.18	12573.10	6400.33	14144.74	7111.48	15716.37	7822.63	17288.01	8533.78	18859.65
30	5022.25	11099.16	5739.71	12684.76	6457.17	14270.35	7174.64	15855.95	7892.10	17441.54	8609.56	19027.14
31	5065.04	11193.73	5788.61	12792.83	6512.19	14391.94	7235.76	15991.04	7959.34	17590.14	8682.92	19189.25
32	5106.49	11285.35	5835.99	12897.55	6565.49	14509.74	7294.99	16121.93	8024.49	17734.13	8753.99	19346.32